赵东辉 李甜风◎著

从此，生活不再单调，工作不再枯燥

CONGCI SHENGHUOBUZAIDANDIAO
CONGCI GONGZUOBUZAIKUZAO

如果你也能这样去做，从此，你的生活将不再单调，你的工作也不再枯燥，你的职业生涯会越来越美妙！

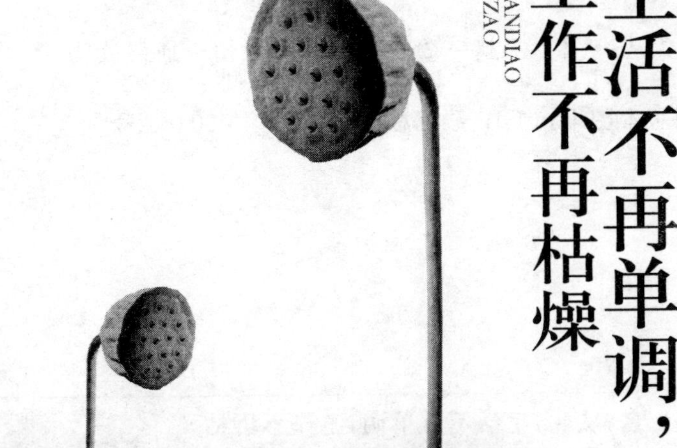

用心投入，
单调和枯燥也是一种乐趣；
懂得知足，
劳累和辛苦也是一种幸福。

上班下班，吃饭睡觉，朝九晚五，日复一日。生活单调，工作枯燥，想想都让人觉得乏味和无聊。但是，很多人却并没有这样的感觉，相反，他们工作的更快乐，生活的更充实，更乐观，也更幸福。

因为心怀阳光，追求幸福，他们就能全心全意地投入工作和生活，从而发现无尽的乐趣和幸福，因为懂得知足，懂得感恩，他们才会对所拥有的一切倍加珍惜，因为脚踏实地，勤奋努力，他们不断创造新成就……

图书在版编目(CIP)数据

从此，生活不再单调，工作不再枯燥/赵东辉，李甜凤著. — 北京：企业管理出版社，2013.4
ISBN 978-7-5164-0292-4

Ⅰ. ①从… Ⅱ. ①赵…②李… Ⅲ. ①激情—通俗读物 Ⅳ. ①B842.6—49

中国版本图书馆 CIP 数据核字(2013)第 060488 号

书　　名：从此，生活不再单调，工作不再枯燥
作　　者：赵东辉　李甜凤
责任编辑：杜　敏
书　　号：ISBN 978-7-5164-0292-4
出版发行：企业管理出版社
地　　址：北京市海淀区紫竹院南路 17 号　　邮编：100048
网　　址：http://www.emph.cn
电　　话：总编室(010)68701719　发行部(010)68414644　编辑部(010)68414643
电子信箱：80147@sina.com
印　　刷：北京市德美印刷厂
经　　销：新华书店
规　　格：170 毫米 ×240 毫米　16 开本　印张 15.25　222 千字
版　　次：2013 年 5 月第 1 版　2013 年 5 月第 1 次印刷
定　　价：32.00 元

前言

很多人都有这样的感觉：当一份工作做得稍久一点，比如说三四年或七八年之后，工作稳定起来，好像准确啮合的齿轮，开始稳固地转动；朋友圈和人事圈也稳定起来，日子如深水一般平静而安宁地向前流去，这看似应当是人生最安稳最舒适的日子，然而我们却往往在这样的日子里迷失了自己，变得茫然失措，变得烦躁不安，觉得工作越来越枯燥无味，像老驴拉磨一般每天重复着相同的动作，坐在相同的地方，做着相同的事情，枯燥之至，乏味之极，辛苦不尽，还无聊透顶，却又不得不做继续旋转的陀螺；回到家里，也是日复一日固定而重复的生活和单调乏味的日子，安稳的工作和平静的生活正在把我们推向焦虑的深渊，工作越来越枯燥，越干越不适应，生活越来越单调，越过越觉得乏味和无聊……往日的激情、梦想、乐趣，完全不知道去了哪里，本该激情飞扬的心变得沉重，变得迟钝，变得死气沉沉，了无生气。除了厌烦，就是乏味，除了枯燥，就是无聊……

很显然，这样工作和生活，这样的状态，既不会让我们感受到生活的乐趣，也不能让我们取得工作的成绩。要想重新燃起工作的激情，重新找到生活的滋味，必须改变自己！

那么，我们又该如何去改变，才能突破工作瓶颈，缓解生活压力，抛开那些对现实的无奈感、对困境的无力感、对工作的厌恶感、对生活的挫败感、对前途的绝望感、对未来的不可预知感，重拾生命的激情，让工作不再枯燥、生活不再单调呢？

本书从改变心态开始，保持生命的激情、把爱注入内心、发现工作的乐趣、创新工作的方法、把工作做出成绩、享受生活的过程以及培养生活的情趣等八个方面，深入解析了我们之所以会陷入这种枯燥和单调、感到乏味和无聊的各种原因，详细探讨了在我们陷入枯燥的工作和单调的生活之后，如何让自己走出心理的阴影，重燃生活的激情，找回曾经的梦想，摆脱日复一日、年复一年单调乏味日子的方法和途径，以期引领那些激情消退、正在步入职业倦怠和焦虑期的员工走出自身的困境，重新找回生活的滋味，彻底摆脱枯燥和单调，远离无聊和乏味，拥有一个健康、成功和丰富多彩的人生。

工作的意趣和生活的精彩无处不在，只要我们改变心态，改变自己，永远保持对生活的激情，用心去热爱自己拥有的工作，用心去追求自己想要的生活，就一定可以把工作干得风生水起，乐趣无穷，让生活过得活色生香，有滋有味！

Contents

第一章 改变，从心态开始

心态决定一切。有什么样的心态，就有什么样的结果。你以满怀欣喜的心态去工作，即使枯燥的工作也会兴味盎然，趣味横生；你以快乐的心态来生活，就算困厄艰难的生活也会快乐多多。其实工作的枯燥和生活的单调与它们本身并没有太大的关系，关键还是在于我们的心态。有一个良好的心态，一切就会变得不同。所以，要让工作不再枯燥，生活不再单调，就从改变心态开始。

第二章 保持生命的激情，用激情击退枯燥和单调

激情是什么？激情是让人热情洋溢、热血沸腾的感觉，激情是神采飞扬、喜气洋洋的状态，激情是无坚不摧、无所不能的力量，激情更是使生命精彩无限、使生活乐趣无穷的最大的源动力。拥有激情，一切都会大不一样，生命因激情而美丽，梦想因激情而璀璨，生活因激情而精彩，工作因激情而优秀！

第三章　把爱注入内心，一切因热爱而不同

生命的充盈和丰满在于爱，生活的快乐和幸福在于爱，工作的乐趣和成绩也在于爱。世间一切的美好，全都因为爱。爱是世间最明亮的色彩，爱是世间最伟大的力量，爱也是让生活美妙、让工作优秀的最大的源动力。只要把爱注入我们的内心，一切便会因为爱而不同！

第四章　发现工作的乐趣，枯燥的工作也能轻松起来

工作做得久了，不论多么有趣的工作，也会因为不断地重复而变得枯燥乏味起来，让人觉得不堪其苦。但实际上，只要我们善于去发现工作中的乐趣，积极地寻找工作背后隐藏的快乐，不管多么枯燥的工作也会变得轻松愉快起来。

第五章　创新工作方法，用精彩的创意化解枯燥

要打破工作的枯燥和沉闷，远离工作的单调和乏味，最好的方法莫过于创新。“苟日新，日日新，又日新”，每一天都是崭新的一天，每一天都有不同的精彩，这样的工作，又怎么会枯燥会单调呢？

第六章　把工作做出成绩，成绩越多乐趣也会越多

任何工作，只要我们做出成绩来，都会带给我们许多乐趣，成绩越多乐趣也会越多。因为每一点细微的成绩，都会让我们感受到自己的价值和意义，让我们对自己、对工作、对未来都充满信心，心甘情愿地为工作投入心血和精力，孜孜不倦地钻研工作，全心全意地热爱工作，工作自然而然会成为我们最大的乐趣。

第七章　享受生活的过程,生活因“享受”而灿然生辉

生活单调的很大原因是由于我们太关注工作而忽略了生活。其实工作不是人生的全部,生活才是。如果因为工作而失去了生活的乐趣,是得不偿失的。因为努力工作的目的在很大程度上其实是为了享受生活。所以,学会享受生活,而不是度过生活,不仅是使生活灿然生辉的秘诀,也是我们拥有多彩生活的不二法门。

第八章　培养生活的情趣,有情趣的生活决不会单调

生活情趣,是指一个人对待生活的态度、情味和乐趣,是我们享受生活的精彩、乐趣和意味的技巧,也是摆脱生活的单调、让日子过得兴味盎然、多姿多彩的秘诀。生活的情趣,犹如一颗颗快乐的种子,一旦在心田种下,就会生根发芽,并渐渐长大,带给我们无尽的快乐和生趣。所以,多培养一些生活的情趣,我们的生活就绝对不会再单调枯燥,而会绚烂多姿,有滋有味,活色生香,灿然生辉。

第一章

改变，从心态开始

心态决定一切。有什么样的心态，就有什么样的结果。你以满怀欣喜的心态去工作，即便枯燥的工作也会兴味盎然，趣味横生；你以快乐的心态来生活，就算困厄艰难的生活也会快乐多多。其实工作的枯燥和生活的单调与它们本身并没有太大的关系，关键还是在于我们的心态。有一个良好的心态，一切就会变得不同。所以，要让工作不再枯燥，生活不再单调，就从改变心态开始。

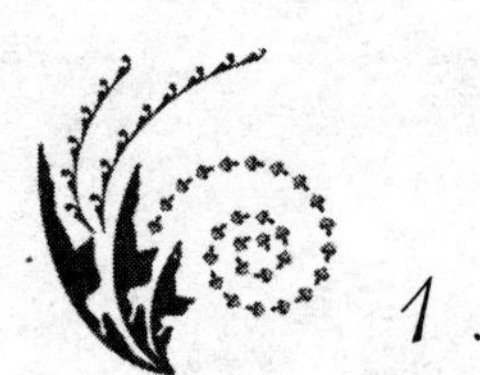

1. 工作枯燥、生活单调，都是心态在作怪

常言说得好，心态决定一切。对于同一种生活，同一份工作，有人能够甘之如饴，有人却会嗤之以鼻。个中差别，全在于心态。如果你觉得这份工作真好，这样的生活真不错，你当然就会甘之如饴，在这样的工作和生活中得到乐趣，感到幸福；如果你根本就瞧不上这样的日子，你对它嗤之以鼻，厌烦不已，你无论如何也不可能从这样的生活和工作中体味到乐趣和幸福，这样的工作必然会觉得枯燥，生活必然会觉得单调。

可见，单调还是枯燥其实就是每个人心中的一种感觉，它由你的心态决定。你以有趣的心态来工作，那么工作就是有趣的；你以快乐的心态来生活，那么生活也是快乐的。

如果让一个人几十年如一日地磨镜片，相信有百分之九十九的人都会听而远之，绝不干这样单调乏味的工作。但有一个人却乐此不疲，并且把这份单调枯燥之极的工作做成了影响世界进程的大科技——显微科学，他就是荷兰微生物学家、显微科学的开山鼻祖列文虎克。

列文虎克于1632年10月24日出生在荷兰代尔夫特市的一个酿酒工人家庭。他父亲去世很早，在母亲的抚养下，读了几年书，16岁即外出谋生，过着漂泊苦难的生活。后来返回家乡，才在代尔夫特市政厅当了一位看门人。

由于看门工作比较轻松，时间宽裕，他选择了最费心费力而且在别人眼中最单调乏味的“磨镜片”的工作来打发时间。这一磨就磨了六十多年！他每天就这样磨呀磨，然后用自己磨的镜片来观察身边的东西，他觉得这是一件非常有趣的事情。

他的镜片越磨越好，镜片的放大能力也越来越强大，竟超过了当时世界上所有的显微镜。列文虎克也经常用自己的显微镜来观察周围的一切。他把手伸到显微镜旁，只见手指上的皮肤，粗糙得像块柑桔皮一样，难看极了；他看到蜜蜂腿上的短毛，犹如缝衣针一样地直立着，使人有点害怕。随后，他又观察了蜜蜂的螯针、蚊子的长嘴和一种甲虫的腿。后来，他的镜片已经可以把细小的东西放大到两三百倍。终于，他用他的精美的镜片发现了人们所从未发现过的一个崭新的世界——微生物的世界！他发现了一个小小的粗糙沙粒中有100万个小小的“动物”——他叫它们为“狄尔肯”；而在一滴水中，“狄尔肯”不仅能够生长良好，而且能活跃地繁殖——能够寄生大约270万个“狄尔肯”，当他把这一发现写信告诉当时最为显赫的英国皇家学会时，大家都觉得这太不可思议了。经过几番周折，列文虎克的科学实验，终于得到了英国皇家学会的公认。他的观察报告也在英国皇家学会的刊物上发表了。这份出自乡下佬之手的研究报告，竟然轰动了英国学术界。列文虎克也很快成了皇家学会的会员，并对他的成就做出了极高的评价。为了表彰他为人类做出的卓越的贡献，初中文化的他被授予科学院的院士，英国女王还专程到小镇会见他。

他精心地磨他的镜片，一共磨制了超过500个镜片，并制造了400种以上的显微镜，其中只有9种至今仍有人使用。他用自己的镜片观察周围的一切，别人都觉得这实在太枯燥、太单调，太没意思，但是他却从中找到了别人从未有过的乐趣，他觉得他的工作一点也不枯燥，而是乐趣无穷。

可见，做什么样的工作不重要，工作是不是枯燥是不是单调也不由工作决定，而是由我们的心态决定。有什么样的心态，就有什么样的结果。心态可以造天堂，也可以造地狱。有一位学者说："同一件事情，相同的工作，你的心态良好那就是天堂，你的心态恶劣那就是地狱。"所以，要让工作不枯燥，生活不单调，就要改变我们的心态。只有拥有良好心态的人，才能使工作不再枯燥，生活不再单调，从此让生命精彩起来，自己快乐起来，幸福起来！

2.心态决定状态，改变心态才能改变一切

有人说："心态是横在人生之路上的双向门，人们可以把它转到一边，进入成功；也可以把它转到另一边，进入失败。"也就是说你拥有什么样的心态，就会有什么样的人生。心态是生命之帆，它决定着人生的航向。我们不能控制自己的遭遇，却可以控制自己的心态，就如同我们改变不了别人，却可以改变自己，改变不了事情，却可以调节自己的态度一样。如果我们努力地改变了自己的心态，人生也会因此转向。

有一个在麦当劳工作的人，他的工作是煎汉堡……他每天都很快乐地工作，尤其在煎汉堡的时候，他更是用心，许多顾客对他如此开心感到不可思议，纷纷问他："煎汉堡的工作环境不好，又是件单调乏味的事，为什么你能如此充满激情呢？"

这个煎汉堡的人说："在我每次煎汉堡时，我便会想到，如果点这汉堡的人可以吃到一个精心制作的汉堡，他就会很高兴，所以我要好好地煎汉堡，让吃到我做的汉堡的人能感受到我带给他们的快乐。看到顾客吃了之后十分满足并且神情愉快地离开时，我便感到十分高兴，觉得又完成了一件重大的工作。因此，我把煎好汉堡当作是我每天工作的一项使命，要尽全力去做好它。”

顾客们对他能用这样的工作态度来煎汉堡，都感到非常钦佩。他们回去之后，就把这件事告诉周围的同事、朋友或亲人，一传十、十传百，很多人都来到麦当劳店吃他煎的汉堡，同时看看这个“快乐煎汉堡的人”。

心态决定状态。要使自己每天都重复的工作不再枯燥，首先得培养一个好的心态。有什么样的心态，就会有什么样的工作状态。

现代职场竞争激烈残酷，有相当一部分人感受到压力越来越大。长期以来，大家也都喜欢把工作、学习和“苦”联系起来，苦学、苦思或苦干等等，当人们认为工作仅仅是工作时，自然会觉得辛苦。但是，当你改变心态，把工作当成一种乐趣或当成一种玩乐时，那什么样的工作也会变得精彩起来的。

在一次国际数学大会上，著名数学大师陈省身教授给广大少年数学爱好者题词。他的题词只有四个字——“数学好玩”。这里说的“好玩”除了兴趣，还要有对工作负责任的态度，在工作中寻找乐趣。可能大家都会以为这么一个“好玩”是一个能够达到俯瞰风景高度的人才有资格说出的一句妙语，对普通的老百姓并不适应。其实恰巧相反。这个社会，多的是在普通岗位上默默奉献的普通员工，如果能将“好玩”融入工作，那么做起事来，势必事半功倍。

要让工作“好玩”起来，就要对工作产生兴趣，兴趣是最好的老师，也是最大的动力。当我们对工作产生兴趣时，就会把工作当作一件快乐的事情，就会积极、主动并心情愉快地工作。

如果目前的工作并不是你的兴趣所在，那么就让自己成为“好玩”的工作者。只要有了这样的心态，任何工作都会变得有趣。

一家搬家公司的搬运工往外搬冰箱时，在短短的一段路程中，用舞台剧的身手及口技完成了上货及卸货的动作，最后还用霹雳舞姿来收拾纸屑。搬运工的工作在常人看来枯燥、辛苦，但这位搬运工却能用创意十足并独树一帜的作风来影响他人，创造出当事人永难忘怀的经验，不但让自己开开心心，也让别人乐不可抑。这就是将“好玩”融入工作的真正精髓。能这样工作的人，无论做什么样的工作也不会感到枯燥了。

世间有太多的事是我们人力所不能控制的，但是正如美国著名成功学家威廉·詹姆斯所说：“我们这一代人的最大发现是人能改变心态，从而改变自己的一生。”虽然我们不能左右天气，却可以改变心情，走在雨里可以找到晴天的感觉；虽然我们不能控制生命的长度，却可以决定它的宽度，人生可以因为我们的努力变得与众不同。我们可以控制自己的心态，改变自己的态度，把枯燥的工作变得有趣起来，使单调的生活变得精彩起来，最终使人生转向。

3.

改变不了状态，就必须改变心态

如果你已经感觉到工作的枯燥和生活的单调，那么，该是改变的时候了。

也许你会认为，换个工作吧，这样就可以免除当前这份工作的单调和枯燥；换个环境吧，生活也许就不会这样糟。

也许这是一种有效的方法，但这其实是逃避不是面对。而且理想总是很“丰满”，现实却永远很“骨感”，很多时候，我们想逃却往往无处可逃。并非你想换工作，就真的能换到一份适合自己，也不会枯燥的工作，甚至我们还有可能立即陷入失业的困境，这样远比单调和枯燥更使人难受。相信在就业形势如此严峻的今天，没有多少员工愿意去冒这样的风险。

那么，怎么办呢？难道任由我们就在这样枯燥和单调的泥淖中无力自拔吗？有这样的思想的员工其实是很可笑的，为什么不能改变心态和改变自己呢？

人生在世，很多事情都是我们无法改变的，一个人的人生道路往往不是主观所能决定的。在许多情况下，我们不可能改变残酷的现实，唯一可行的选择就是改变自己。那么就改变自己的思维方式，改变自己看问题的角度，改变自己的行为模式，改变自己的心态，让我们去适应工作和生活，生活和工作还会那么糟糕吗？

有一位教授到一家饭店会见饭店老板，由于是非营业时间，参观之后，教授就和老板坐下来聊天。当时还没有客人，一位服务员过来给他们倒茶。服务员是一个刚从农村到城里来打工的小姑娘，非常年轻，在给教授他们倒水的时候，能看出她的表情有点紧张。老板顺口说道：“这小姑娘很能干，能吃苦，就是能力差点儿。”

一会儿，老板出去接电话，教授就和小姑娘攀谈起来：“老板表扬你了，你一定很高兴吧？”教授问她。

姑娘说：“这哪是表扬啊，不是说我能力差吗，我这样的打工妹能干出什么？”

教授说：“老板说你很能干、能吃苦，这不是对你的表扬吗？这是对你的认同啊！你要好好做，一定能够做得更好，将来做个主管，就可以在这个行业里发展了。”小姑娘怀疑地说：“主管哪是我们这些打工妹能干的啊。”

教授说：“为什么不可以？只要你愿意改变自己。记住，要想改变状态，先要改变心态；要想改变处境，先要改变自己。心态好了，一切都会好的。你应该以一种积极、阳光的心态去工作。对你来说，要先做好第一件事：让你接待的顾客喜欢自己。能做到吗？”

姑娘说：“这个我可以做到，对人家好点有什么难的。”

教授说：“能做到这一点，你就很有希望。”

姑娘说：“那到做主管还是差得太远了。”

教授鼓励她说：“你先做好这个，做好就有希望。”

教授把自己的电话号码留给了她，并告诉她做好了给他打电话，有什么困难也可以找他，然后孙教授走了。

过了一段时间，小姑娘给教授打电话，说：“我已经做到了让客人喜欢我，老板夸我好几次了，因为客人在老板面前也说我好，我觉得我做到了您说的第一件事，我还应该做什么呢？”

教授告诉她，接下来要做好第二件事：试着把饭店里的菜品介绍给喜欢她的顾客，让他们多点有营养的菜品，合理配餐，这样，客人满意了，酒店也能提高效益。

姑娘说：“营养配餐我不懂，但是我可以去问内厨，我觉得推荐菜品是可以试试的。”

突然有一天，小姑娘给教授打电话说：“我太高兴了，现在有几个顾客可信任我了，他们请客、办婚宴，整个酒席如何办都交给我了。”

教授说：“你很优秀，你能做到更多。”于是教授让她尝试做好第三件事，教授说：“你每天在餐馆工作，不要认为餐馆是老板的，细心留意一下，看看这个餐馆哪些工作可以改善，再想想改善的方法。你每个月给老板提一点建议，在你提建议之前，先跟你的伙伴们说一说，这件事如果不改，对咱们有哪些不利，哪些既可以省力又能够做好，还能让大家避免很多麻烦。”教授问她，“这件事你能做到吗?”

姑娘很自信地说：“没问题”。

几个月过去了，教授又接到小姑娘的电话：“我太感谢您了！今天老板向大家公布让我当主管了。您说得太对了，要想改变状态，先要改变心态，要想改变处境，先要改变自己！”

教授高兴地说：“是呀，你成功了。很多事都取决于我们的心态。有趣的工作和精彩的生活都源自我们的心态。”

心态一变天地宽。当周围的环境无法改变时，唯一能改变的就是心态，与其强求外在环境的改变，不如像这个小姑娘一样，先从自己开始改变，让自己适应工作，一切就会变得不同。要记住：要想改变一切，都得先从改变自己开始；无法改变状态时，务必改变心态。

闻名世界的威斯特敏斯特大教堂地下室的墓碑林中，有一块名扬世界的墓碑。其实这只是一块很普通的墓碑，粗糙的花岗石质地，造型也很一般，同周围那些质地上乘、做工优良的亨利三世到乔治二世等二十多位英国前国王墓碑，以及牛顿、达尔文、狄更斯等名人的墓碑比较起来，它显得微不足道，不值一提。它没有姓名，没有生卒年月，甚至上面连墓主的介绍文字也没有。

但是，就是这样一块无名氏墓碑，却成为名扬全球的墓碑。每一个到过威斯特敏斯特大教堂的人，他们可以不去拜谒那些曾经显赫一世的英国前国王们，可以不去拜谒那诸如狄更斯、达尔文等世界名人，但却没有人不来拜谒这一块普通的墓碑，他们都被这块墓碑深深地震撼着，准确地说，他们被这块墓碑上的碑文深深地震撼着。在这块墓碑上，刻着这样的一段话：

当我年轻的时候，我的想象力从没有受到过限制，我梦想改变这个世界。

当我成熟以后，我发现我不能改变这个世界，我将目光缩短了些，决定只改变我的国家。

当我进入暮年后，我发现我不能改变我的国家，我的最后愿望仅仅是改变一下我的家庭。但是，这也不可能。

当我躺在床上，行将就木时，我突然意识到：如果一开始我仅仅去改变我自己，然后作为一个榜样，我可能改变我的家庭；在家人的帮助和鼓励下，我可能为国家做一些事情。

然后谁知道呢？我甚至可能改变这个世界。

要想改变世界，你必须从改变你自己开始；要想撬起世界，你必须把支点选在自己的心态上。改变世界之前先改变自己。但是，为什么还有那么多深陷幻想，不甘于枯燥和单调的工作和生活，却又总是抱怨而不思改变的人呢？原因其实很简单，他们太浮躁、没耐心、谨慎，不安于现状以至于缺乏必要的耐心和创造力来改变自己。人们总是妄图幻想去改变世界，却忘记我们只有改变自己才可能成功。他们安于现状，不思进取，宁愿在枯燥和单调中抱怨和浮沉，也不愿意改变自己，改变心态！

这样的员工，要反思了，一定要看清自己的状态，及时转换自己的心态，让自己跟上心灵的脚步，继而才能跟上时代的脚步。当环境无法改变时，学会改变自己；当状态无法改变时，改变心态；当过去无法改变时，改变现在；当别人无法控制时，掌握自己；要有勇气改变你能改变的，要有胸怀接受你不能改变的。做到这些，你的工作从此不再枯燥，生活从此不再单调，心灵从此不再迷茫！

4. 有趣的工作和多彩的生活都在你的心中

你的生命里是一片阴霾还是阳光灿烂，主要取决于你对生活持有一种怎样的心态。在悲观者的眼里，生活是一种极可怕的苦役，而在乐观者的眼里，生活则是一场欢乐的游戏。保持阳光心态，生活将充满精彩。

心态对于我们的人生起着十分重要的作用。没有好心态，可能我们的一生将会是失败的。当我们面对工作的枯燥、生活的单调和人生的困境，当我们面对理想的幻灭、现实的残酷和生命的迷茫，用什么样的心态来对待，就会有什么样的结果。其实有趣的工作和多彩的生活都在我们的心中。

房灵玉从小生长在河南的一个贫穷的小家庭，然而贫穷并没有让她改变对生活的信心。1998年，因为贫穷而无法继续上学的她，来到了洛阳打工，但由于学历低，又没有专业的技巧，她只找到了一份保姆的工作：为一个五口之家洗衣做饭保洁，每个月300元。房灵玉并没有因为这只是一份保姆的工作而产生懈怠，她认认真真学习家务，按照这个家庭的习惯和喜好安排他们的生活，得到了主人家的一致好评。她也并没有因为这份工作低贱而灰心，更没有在每天都重复的工作中迷失，她不觉得工作辛苦，更没有觉得工作枯燥。相反，她对这份在别人看来一无是处的工作倾注了所有的热情。在努力做好自己工作的同时，她还有意识地加强自己各方面的能力。到了第二个月，她不仅对所有该干的活儿熟稔于心，也开始积极创新，如利用废物来清洁等，与此同时，她还发现每天同样那些事儿只要在时间上做科学地安排，那么，她还有足够的时间来学习新的东西。

到 2002 年，房灵玉的保姆工作已经从普通人家干到了专门为别墅区服务的保洁公司。不到三个月，老板很快发现了她的才能，为她三次加薪。半年后，她被任命为业务经理。

两年之后，她开始为了心中对这份事业的热爱辞去了这份在别人看来已经很不错的工作。开始回家招工，并很快在洛阳办起了自己的保洁公司——一心手保洁公司。公司成立后，她为每一个保洁项目都制定了详细的必达标准，而且每天的项目她亲自检查，即使雇主已经非常满意，但若没达到她的标准，会马上动手再做一次。当有人问她天天干同样的事，有没有觉得枯燥单调和没有意义时，房灵玉说："当你对自己的工作充满热爱时，怎么会觉得枯燥呢？我觉得保洁工作虽然累，但乐趣无穷。因为我喜欢这样的工作。"

工作其实没有好与坏，也没有枯燥和有趣。同样的一份工作，对于有的人而言，是烦恼，是枯燥，是无聊，是了无生机，是无限的重复和单调，对于有的人而言，却是乐趣无穷，意义非凡。比如编程，很多人都会受不了这份工作的枯燥和无聊最终辞职，但对于比尔·盖茨而言，这却是世界上最好的工作，是金不换、银不换、即便当总统也不换、拿全世界也不换的最好的工作。这就是心态的原因。以一种有趣的心态来工作，你的工作就是有趣的。

不管你在职场的处境如何让你不满，厌烦自己的工作都只会让你觉得更加烦闷。因此，要学会改变心态。倘若你不得不去做一些让你觉得非常乏味的事情，那么就想办法让自己的工作变得充满乐趣，让自己的态度变得更加积极，这样就能从毫无效果的厌恶和烦恼中解脱出来，不再使工作枯燥无聊。

生活也是这样。人生是好是坏，不由命运来决定，而是由心态来决定，生活的精彩同样来自于我们的内心，来自心中对于生活的热情，来自我们时刻保持积极的心态。积极的心态特点就是信心、希望、诚实和爱心、踏实等，消极心态的特点是悲观、失望、自卑和欺骗等。

约翰是一个心态积极、健康阳光的人，任何时候都乐观得很。有一次他被大水困住，只得爬上屋顶。邻居中有人漂浮过来说道："约翰，这次大水真可怕，难道不是吗？"约翰回答说："不，它并不怎么坏。"邻居有点吃惊，就反驳道："你怎么说不怎么坏？你的鸡舍已经被冲走了。"约翰回答说："是的，我知道，但是我六个月以前养的鸭子现在都在附近游泳。""但是，约翰，这次的水损害了你的农作物。"这位邻居坚持说。约翰仍然不屈服地说："不！我的农作物因为缺水而损坏了，就在上周，代理人还告诉我，我的土地需要更多的水，所以这下就全解决了。"这位悲观的邻居又再次对他那位欢笑的朋友说："但是你看，约翰，大水还在上涨，就要涨到你的窗户上了。"这位乐观的朋友笑得更开朗，说道："我希望如此，这些窗户实在太脏了，需要冲洗一下。"

也许现实中真像约翰这样的人并不太多，但这种积极的心态显然是值得我们学习的。很多时候生活和工作的状态都由我们的心态决定。我们心态良好，工作就快乐有趣，生活就精彩无限，如果心态消极，就难免会摧毁人们的信心，使希望泯灭。消极心态就像一剂慢性毒药，吃了这副药的人会慢慢地变得意志消沉，失去任何动力，而成功就会离怀有消极心态的人越来越远。

作家兼演说家海利曾做过一次调查，其调查资料表明，成功者大多与他们的心态有关。海利曾指出合法移民成为百万富翁的概率，是土生土长的美国人的四倍。而且不管是黑人、白人或任何种族的人，不论男女，全无例外。下面的这个故事说明了这个道理。

1992年7月10日，星期五，下午14时48分。美国航空公司874班机上来了四位奇怪的客人，她们是一位母亲和三个小女孩。这可能是她们头一次搭飞机。那位母亲走在最前面，一手抱着婴儿，另一手牵着一名稚童，她们迅速地朝机尾方向走去。

另一名大约四岁的孩子走在最后面，落后了好几步。她一登上飞机，就注意到她的正前方有个服务员在准备午餐。她在走道上停下脚步，弯着她的两双腿，手放在膝上，对着迅速搬进餐盒的两名服务员，专心地望了好一会儿。然后慢慢转过头去，看着左侧的机舱。可以看出，她对眼前所见的一幕——三个身穿制服、肩上有好几杠的人物，极感兴趣。在她面前是两根控制杆、两个机轮、无数的灯光，以及她以前从未见到的许多电子仪器。

她聚精会神地凝望了好一阵子，然后慢慢转过头来，两只蓝色眼睛睁得又大又圆。在她面前出现了一道长长的机峰，全部座位同时都空着没人坐，她可以一眼由机头望到机尾。当她从长长的走道望过去时，口中吐出了两个字眼："天啊！"

合法移民来到美国，说的也正是这句话。眼前的一切着实令他们难以置信。大部分情况下，他们所见到的是无法想象的美丽、豪华与遍地的机会。他们以"天啊！"的积极心态面对一切。他们惊讶地看着报纸上数不清的求才广告，然后马不停蹄地四处应征，找来一份工作。他们知道自己赚的是最低薪资，但美国的最低薪资和其他国家比起来，已是最高薪资。典型的移民在生活上都力求简单便宜，若有需要，还会找到两份工作。他们做起事来格外勤奋，开支尤为节俭，所有钱都存下来。

摆在他们面前的，是在全球首强国度生活、工作、成长和寻求成功的机会。毫无例外的，几乎每个人都衷心感谢美国以及它所提供的机会。正因为如此，他们才能比真正的美国人更成功，即便是做相同的工作，他们的工作也更有成绩。

顶尖潜能大师安东尼·罗宾希望我们立刻保持那位四岁小女孩或成千上万移民的心态，然后说出："天啊！"不但如此，他还指出，将这个心态运用在我们的生活中，必可使人生无限丰富。

决定我们一生命运的，不是别人，而是自己，更是我们的心态。工作的趣味和生活的精彩不在别处，就在我们的心里。面对人生，你选择被禁锢一生还是自由前行，答案不言而喻，只需要改变心态，一切都会照着我们希望的方向前行。

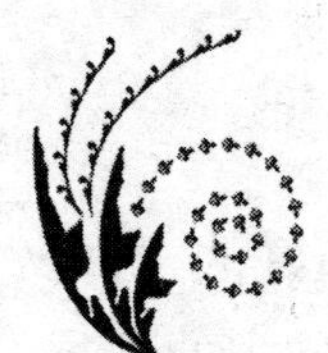

5. 面对枯燥，换工作不如换心情

工作做得久了，免不了会有枯燥无聊单调乏味之感。在这样一个职业选择高度自由的时代，很多人都会选择跳槽，选择换工作。

中华英才网面对白领的一次工作观念调查显示，有20％的人认为“如果现有工作影响我的生活，我会选择离开”；表示“尽管目前的工作影响了自己的生活，但我还是会继续待下去”的人占32.71％，选择“就这样吧，有一份工作就不错了”的人只有45.12％。许多职场白领对现有工作一旦产生厌倦感，第一个想法就是跳槽。其实，再好的工作也难尽善尽美。如果不能调适自己的心情，下一个工作必定又是新一轮厌倦的开始。所谓“换工作不如换心情”，转换一下心情，也许比跳槽更有利一些。

27岁的姜梅在会展公司做策划已经做了5年，由于挑剔的上司使她工作很不顺利，曾经让她喜爱的工作也变得无聊和枯燥起来。于是她选择了跳槽。

跳槽到一家广告公司后，却并没有姜梅想象中的惬意，因为她的上司同样是一个不好相处的人。有一次，姜梅按客户的要求设计了展位布置图，可经理却要求她把主色调由红色改成蓝色。当她按照经理的意思全部改成蓝色后，客户却仍坚持要重新改成红色。后来经理老拿这件事说话，批评她工作不认真，为什么不说服客户用蓝色？这样反复改动方案，是在浪费公司的成本。她很委屈，经理像这样把自身的错误归咎到员工身上，已经不是一次两次了。但每次遇到这样的情况，都只能“哑巴吃黄连”，自己把错认了。久而久之，就失去了刚工作时的那股热情，工作就像苦役一般令人厌烦。她又想着要去换一份工作了。

其实，当工作让我们厌倦、让我们烦恼的时候，跳槽并非最好的选择。因为并非所有人都是越跳越好的。新的工作也不可能像你想象中的那样好，新的工作也并非就能避开你的烦恼。有时候跳来跳去越跳越差，到最终更会让自己失望。所以，换工作不如换心情，改变心态，每天带着一颗感恩的心去工作，用相信工作、发现工作中的乐趣的心态和态度来工作，自然会感觉愉快而积极。因此当你内心兴起“另起炉灶”或“此地不留人，自有留人处”的念头时，不妨先转换你的心态，以新的角度看待工作和看待事情，或许离职的想法会就此而打消。

俗话说：“干一行，爱一行，钻一行。”如果你换工作的原因仅仅是心情不好，看什么都不顺眼，那是因为你的心态出了问题，不妨调整一下自己的心绪，多想想以往在公司的开心事，多想想同事以前对自己的好、上司对自己有过的帮助，从而振作起来。良好的精神状态能创造出一种良性循环的工作氛围，你会因此效率大增，良好的工作业绩能赢来同事的钦佩和上司的赞赏，工作的乐趣和热情自然又会回到你的身边。

频繁更换工作的行为，对每个职业人来说，都是不明智的做法。试想想，即便换了岗位，甚至换了职业，是否也会遇到同样的状况？所以，换工作只是冲动和逃避的做法，换心情才是积极的应对。与其换份工作，还不如换种心情工作。当你想换工作时，不如先换个心态去面对工作，也许，你的感觉会不一样。

无论从事什么工作，多少都会获得一些宝贵的经验与资源，例如失败的沮丧、自我成长的喜悦、让内心温暖的工作伙伴、值得感谢的客户以及强大的人脉关系等，这些都是我们人生中最宝贵的东西。如果你不停地换工作，一遇到困难或是一感到枯燥就换工作，那我们的这些东西就很难有成熟的一天，你每一天都在从头开始，成功离你也就不会近了多少。所以，换工作不如换心情，换份心情来工作，枯燥无聊的工作也会焕发新的活力，让你感受到它的活力和意趣。

小洪原是某公司营业部的职员，后来被调到了办公室工作。面对新的岗位小洪似乎有点手足无措，看到每天都需要不断重复的发文件、收文件、封标等工作，他觉得很无聊，枯燥无味又单调沉闷的工作真让人心烦，头脑发胀。但看看周围的同事似乎每天都能保持很好的心情，小洪也开始试着改变。

每当遇到问题和不明白的任务时，小洪便主动向办公室主任请教，并很快熟悉了工作的流程以及怎样将一天的工作既轻松又很好地完成。做了一段时间之后，小洪发现这个原来看起来并不起眼的工作其实对整个公司来说是非常重要的。认识到了自己微小工作的重要性，小洪开始了认真细致且快乐地工作，即使只是盖章、封标的过程也毫不马虎，看文件时也不再那么疏忽，因为任何的纰漏都可能耽误大事，给整个公司带来不利。想着这些，小洪工作起来更加积极，同事们也从他脸上看到了久违的微笑。

同样是工作，为什么要愁眉苦脸而不是开开心心呢？同样的工作，你以开心的心情去面对，工作也会开心起来；你愁眉苦脸地去面对，那工作也会更加乏味。所以，要学会快乐，学会带着好心情去工作，学会微笑工作，工作就会变得生动和有趣起来。所以，不妨换个心情来工作。我们可以从以下几个方面来改变我们的心情。

(1)重新审视自己的工作

理性分析厌职的原因，重新把自己的工作审视一下，先不要把目标定得过于遥远，只要把现阶段的工作与理想挂上钩就可以，这样就不会因为目前的工作离理想太遥远而苦恼。

(2)想象工作的乐趣

有时候一件事情并不值得你去开怀大笑，但你如果把它想象成一件很好笑的事，说不定，微笑会不知不觉地挂上你的嘴角。同样的道理，如果你觉得工作过于单调，不妨把现在所做的工作看成一项非常有意义有乐趣的工作，你就会从中得到一些快乐。

(3)美化你的工作环境

如果每天感觉在一个新的环境中，心情自然会有所不同，美化工作环境，厌职情绪会不知不觉地消失。

(4)建立良好的工作关系

如果讨厌与你共事的人，你就会讨厌自己的工作。将能够建立友谊的同事们组织到一起，或者是一起吃午餐，或者是工作之余一块参加社交活动，像打保龄球等。这样时间久了，你肯定会喜欢上你的工作。

(5)创造属于自己的特别项目

你是否发现了一个改善公司现状的绝佳主意？是的话，不妨立即拟订一份行动计划，送给你的上司。这样，你的工作热情会更加高涨。

(6)学习一些新知识

扩大工作技能范围，就能感到自己原来是可以取得更大成绩的，也感觉自己可以为公司创造更多价值。另外，你还可以向公司有关负责人询问自己是否可以得到单位的继续教育经费。如果可以，不妨在自己的专业方面深造一下。

(7)让情绪在宣泄中释放

当自己对工作感到不满的时候，可以向密友诉说，谈话中你会得到一些别人对相同工作的积极看法，从而振奋自己的工作情绪。

(8)列一张厌烦情绪表

有的员工之所以厌恶工作，与自己的情绪有很大关系。所以不妨把自己的厌烦情绪列出来，有的放矢地调节自己。

(9)自己奖励自己

这是厌职者自我安慰的一种方法。把工作分阶段去完成，最好把几个小时作为一个阶段，如果在这几个小时你觉得你对自己的工作很满意，下班可以去买一些自己喜欢的东西奖励给自己。记住，千万不要把时间划分得太长，因为漫长的日子谁都会感到厌烦。

(10)主动休息

积极主动地去休息，可以睡觉，也可以去健身房来个全身的SPA，只要能彻底放松自己就可以。

(11)尝试打破每天的工作常规

尝试改变每天吃午餐的时间，要么早些去餐厅，要么晚些去餐厅。然后自问：能否提前几分钟或推迟几分钟去上班，以此打破自己的工作惯例。即使在工作上稍微作些改变，也许就能使你觉得舒服多了。

(12)找些自己喜欢的杂务活做做

你讨厌的任务也许同事非常乐意去完成，别人不喜欢的杂务活也许你非常喜欢去做。不妨跟她来个工种交换，也许能够从中获取很多好处。

(13)尽量避免抱怨

经常看到事物坏的一面是人类的本性，但总是看到坏的一面会使事情变得更加糟糕。试着把目光投向事物的光明面，要做到这一点非常简单，而这样做的好处，可以持续避开一些态度消极的同事，感觉自然就会好一些。

(14)不要轻言放弃

并非让工作变得更有乐趣的每一项努力都能奏效，但这并不意味着你可以放弃努力。只要你尽了最大努力，你离爱上自己的工作、以工作为乐、远离无聊和枯燥就不远了。

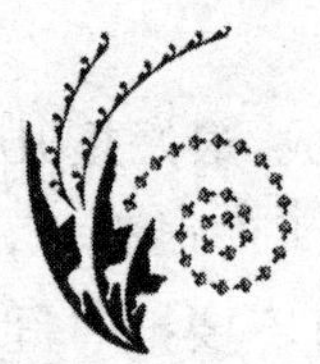

6．摒弃消极心态，积极面对人生

心态决定我们的生活，什么样的心态，就会产生什么样的想法，有什么样的想法，就有什么样的未来。成功者之所以成功，就是因为他们即使在困境中也能发现成功的力量，有积极的心态，才会产生积极的想法，才会使行为行之有效，扫清阻挡自己前进的障碍，使自己的潜能更好发挥出来。

有位秀才第三次进京赶考，住在一家经常住的店里。考试前两天他做了两个梦：第一个梦是梦到自己在墙上种白菜，第二个梦是下雨天，他戴了斗笠还打伞。

这两个梦似乎有些深意，秀才第二天就赶紧去找算命的解梦。算命一听，连拍大腿说："你还是回家吧。你想想，高墙上种菜不是白费劲吗？戴斗笠打雨伞不是多此一举吗？"

秀才一听，心灰意冷，回店收拾包袱准备回家。店老板非常奇怪："不是明天才考试吗，今天你怎么就回乡了？"秀才如此这般说了一番，店老板乐了："哟，我也会解梦的。我倒觉得，你这次一定要留下来。你想想，墙上种菜不是高种（中）吗？戴斗笠打伞不是说明你这次有备无患吗？"

秀才一听，觉得更有道理，于是精神振奋地参加考试，居然中了个探花。

以积极的心态去看待问题，其结果也是积极的。积极的心态可以为你照明前路，伴你朝着成功的方向前进。成功者的内心总是充满着乐观向上的激情，即使是在让人绝望的困境中，也能保持积极的心态，他们能够坦然地面对现实，从绝望中看到希望，并愿意为之进行不懈的努力，最终获得的，将是令人瞩目的成绩。

1955年，18岁的金蒙特已是全美国最受喜爱、最有名气的年轻滑雪运动员了，她的照片被用作《体育画报》杂志的封面。金蒙特踌躇满志，积极地为参加奥运会预选赛做准备，大家都认为她一定能成功。

她当时的生活目标就是赢得奥运会金牌。然而，1955年1月，一场悲剧使她的愿望成了泡影。在奥运会预选赛最后一轮比赛中，金蒙特沿着大雪覆盖的罗斯特利山坡开始下滑，没料到，这天的雪道特别滑，刚过几秒钟，便发生了一次意想不到的事故。她先是身子一歪，而后就失去了控制，像匹脱缰的野马，直往下冲。她竭力挣扎着想摆正姿势，可无济于事，一个个筋斗把她无情地推下山坡。在场的人都睁大着眼紧张地注视着这一幕，心几乎提到了嗓子眼。

当她停下来时已昏迷了过去。人们立即把她送往医院抢救，虽然最终保住了性命，但她双肩以下的身体却永久性瘫痪了。

经过痛苦的思考，金蒙特认识到活着只有两种选择：要么奋发向上，要么灰心丧气。她选择了奋发向上，因为她对自己的能力仍然坚信不疑。她千方百计使自己从绝望的痛苦中摆脱出来，去从事一项有益于公众的事业，以建立新的生活。几年来，她整日和医院、手术室、理疗和轮椅打交道，病情时好时坏，但她从未放弃过对有意义生活的不断追求。

历尽艰难，她学会了写字、打字，并且会操纵轮椅，用特制汤匙进食。

她在加州大学洛杉矶分校选听了几门课程，今后想当一名教师。想当教师，这可真有点不可思议，因为她既不会走路，又没受过师范训练。她向教育学院提出申请，但系主任、学校顾问和保健医生都认为她不适宜当教师。录用教师的标准之一是要能上下楼梯走到教室，可她做不到。

此时，金蒙特的信念就是要成为一名教师，任何困难都不能动摇她的决心。

金蒙特终于获得了教授阅读课的聘任书。1963 年，她被华盛顿大学教育学院聘用。由于教学有方，很快受到了学生们的尊敬和爱戴。她教那些对学习不感兴趣、上课心不在焉的学生也很有办法。她向青年教师传授经验说："这些学生也有感兴趣的东西，只不过和大多数人的不一样罢了。"

后来，她父亲去世了，全家不得不搬到曾拒绝她当教师的加利福尼亚州去。她向洛杉矶学校官员提出申请，可他们听说她是个"瘸子"就一口回绝了。金蒙特不是一个轻易就放弃努力的人，她决定向洛杉矶地区的 90 个教学区逐一申请。在申请到第十八所学校时，已有三所学校表示愿意聘用她。学校对她要走的一些坡道进行了改造，以适于她的轮椅通行，这样，从家里坐轮椅到学校教书就不成问题了。另外，学校还破除了教师一定要站着授课的规定。从此以后，她一直从事教师职业。

从 1955 年到现在，很多年过去了，金蒙特从未得过奥运会的金牌，但她的确得了一块金牌，那是为了表彰她的教学成绩而授予她的。金蒙特面对困难没有退却、没有逃跑，她坚持着、奋斗着。她压根就没想过要放弃努力，她的人生也因永不放弃而熠熠生辉。

心态是人生态度的具体化，是人生态度的现实反映。积极乐观的人生态度决定了人的心态环境，一个人需要有积极的心态。你也许听过这样的谚语："成功吸引更多成功，而失败带来更多失败。"这句话真是一语中的，为成功而努力会使你更有能力迈向成功。如果你什么也不做，坐等失败，只会使你遭受更多的失败。

如果你以积极心态面对工作、生活，并且相信成功是你的权利的话，你的信心就会使你成就所有你所制定的明确目标。但如果你接受了消极心态，并且满脑子想的都是恐惧和挫折的话，那么你所得到的也只是恐惧和失败而已。

一天晚上，在漆黑偏僻的公路上，一个年轻人的汽车抛锚了——汽车轮胎爆了！

年轻人下来翻遍工具箱，也没有找到千斤顶。怎么办？地段太偏僻，这个时间极少会有车经过这里，他远远地望见一座亮灯的房子，决定去那户人家借千斤顶。

在路上，年轻人不停地在想："要是没人来开门怎么办？要是没有千斤顶怎么办？要是那家伙有千斤顶，却不肯借给我，那该怎么办？"

顺着这种思路想下去，他越想越生气，走到那间房子前敲开门时，主人刚出来，他冲着人家劈头就是一句："你那千斤顶有什么稀罕的！"

他的这种行为弄得主人"丈二和尚摸不着头脑"，认为他是个神经病，"砰"的一声把门关上了。

在去借千斤顶的路上，年轻人走进了一种常见的消极思维模式中，不断的自我否定使他实际上已经对借千斤顶失去了信心，认为肯定借不到，以致敲开门时情不自禁地破口大骂。

职场中有些人，也跟这个年轻人一样，还没有实实在在地去做某一项工作，就以消极的心态对自己做出一系列的推想："这种事，我恐怕做不好""我的能力不行，做不好这件工作""那个客户太刁难了，我无法应付他""公司里比我成功的人都干不好这件事，我肯定也无法干好这件事"等等。有了这种负面的想法以后，行为也会跟着发生偏离，其结果十有八九会朝着不利的方向发展。

世界著名的走钢索人卡尔·华伦达曾说:“在钢索上才是我真正的人生,其他都只是等待。”他就是以这种非常有信心的态度来走钢索的,每一次都非常成功。

但是1978年,他在波多黎各表演时,从75尺高的钢索上掉下来摔死了,令人不可思议。后来也是走钢索名人的华伦达太太说出了原因。在表演的前3个月,华伦达开始怀疑自己“这次可能掉下去”。他时常问太太:“万一掉下去怎么办?他花了很多精神避免掉下来,而不是在走钢索上。”做什么事,都要有积极的心态,凡事都要从好的方面去想,你以怎样的方式去思考,思想就以怎样的方式来引导你。可以这样说,一个人的成功,很大程度上取决于一个人的思考方式。正确的思考方式是造就成功的必然基础。

可见心态的力量威力巨大。消极的心态,只会让我们陷入失败、痛苦和绝望之中。而积极的心态,却会使人意志坚强,拒绝被打败,并且用尽所有的勇气来面对人生。那我们为什么不能抛弃消极的心态,选择积极的心态,积极地面对人生,面对一切呢?

摒弃消极的心态,以积极的心态去工作,自然会赢得业绩,取得成功。

美国联合保险公司有一位推销员,名叫艾尔。艾尔想成为这家公司的明星推销员。

寒冬的一天,艾尔到威斯康州一个城市的街区去推销保险单,却没有做成一笔生意,但他没有因此而气馁,而是选择了积极的心态对待失败。

第二天,当他从办事处出发时,他向同事们讲述了前天遭遇的失败,接着他说:“等着看好了!今天我将再次拜访那些客户,并让那些客户购买我的保险。”

说也奇怪,艾尔真的办到了。他回到之前去的那个街区,再度拜访每一个他前一天谈过话的人,结果他一共卖出了66个新

的意外保险，那些曾经拒绝他的客户有80%的人买了他的保险。艾尔也因此成了这个公司的最佳推销员，并被提升为销售经理。

积极的心态是一种看不见的法宝，它可以使人变得年轻活泼，充满朝气，更可以使人不怕困难，勇往直前。而与之相反的消极心态则不同，它会使人因看不到希望而畏首畏尾，裹足不前。一个人不管多么有才华，多么努力，如果没有一种积极向上的心态指引他，就会半途而废，就会一无所成，只能迎接失败的命运。

工作是枯燥无聊还是乐趣无穷，生活是单调乏味还是精彩无限，不在于我们在做什么样的工作，也不在于我们过着什么样的生活，而在于我们的心态积极还是消极。当我们有一个良好的、积极的心态，一切都会不一样。所以，要想有所成就，就一定要改变消极的心态，锻造积极的心态。

然而，对于许多人来说，要想将心态从消极转向积极并不是一件容易的事情。这需要我们从内心修炼。诚如古人说的那样："缠脱只在自心，心了则屠肆糟尘，居然静土。不然，纵一琴一鹤，一花一竹，嗜好更清，魔障终在。"(明代洪应明《菜根谭·器识》之八)因而，我们只有从内心开始，保持积极的心态，认真地投入工作，用心地去做事情，勇敢地面对一切。这样不仅可以超越自我，发挥自己的潜能，而且还可以帮助我们跨越挡住成功的障碍。在没有别的绝对优势时，比别人多投入一点，更积极一些，再耐心一些，你就可以创造出比别人更好的成绩。

那么，如何培养自己的积极心态呢？

(1)从早晨起床开始

早晨一起来，就对自己说："美好的一天又开始了，今天我一定会干得比昨天更好，取得更好的业绩。"持之以恒地说一些"必胜"之类积极的话，就会成为一个积极的人。有许多公司和企业，非常重视员工早上的精神，往往要求员工一到公司便大声地念工作宗旨，其目的就是要把员工锻造成一个有积极心态的人。

(2)不说消极负面的话

有消极心态的人不但想到外部世界最坏的一面,而且总会想到自己最坏的一面,他们不敢祈求,所以往往收获很少。遇到一个新观念,他们总是说:“这事根本行不通!”“我从没有这么干过!”“不这样不也过得很好吗?”“谁敢冒这种风险!”“现在条件还不成熟吧!”。

很明显,当一个心态消极的人对自己的事业不抱很大期望时,他自然就给自己取得成功的能力打上一个大大的折扣。

要打造积极的心态,就不要去说消极的话,而应说一些积极正面的话,从而培养自己的积极心态。

(3)化消极为积极

心态消极的人遇事总会想“没办法”“这不可能”。当你有这个想法时,建议你从心中把“不”这个字去掉,谈话中不提,想法中排除,态度中抛弃,不为“不”提供存在理由,不为“不”寻找借口,把这个字和这个观念永远地抛弃。

(4)将积极的感觉传递给别人

随着你的行动与心态日渐积极,你会慢慢获得一种美满人生的感觉,信心日增,人生的目标也越来越清晰。紧接着,别人会被你吸引,因为,人们总是喜欢跟积极乐观者在一起。用别人的这种积极响应来发展积极的关系,同时帮助别人获得这种积极态度。一个积极的人与一群积极的人合作,那么成功也就不远了。

(5)不要担心失败

成功学家曾说:“不要担心失败,真正该担心的是你因为害怕失败而不敢放手一搏的心态。”一开始便否定它的价值。消极的人更是如此,这就使得原本就缺乏的自信心与积极性更少。因此,在面对新的挑战时,先不要想自己能不能做,后果如何,而要考虑如何动手去做,自己先做好心理准备,养成接受后果的坚强心态。成功学大师拿破仑·希尔说:“积极的心态,就是心灵的健康和营养。这样的心灵,能吸引财富、成功、快乐和健康。消极的心态,却是心灵的疾病和垃圾。这样的心灵,不仅排斥财富、成功、快乐和健康,甚至会夺走工作中已有的一切。”

作为一名员工，要培养自己的积极心态，并以积极的心态投入到工作中去。不要在乎工作是不是枯燥或是单调，更不必在乎你在不断地重复着相同的事情，只要把心态放正，以一种乐观、积极的心态来对待我们的工作，哪怕是流水线上的作业，也一样可以让你感受到其中的乐趣，并最终引领你走向成功。

有积极的心态，处处都能发觉成功的力量。你改变不了事实，但你可以改变态度；你改变不了过去，但你可以改变现在；你不能控制他人，但你可以掌握自己；你不能预知明天；但你可以把握今天；你不可以样样顺利，但你可以事事顺心；你不能延伸生命的长度，但你可以决定生命的宽度。以积极的态度面对人生，人生会回报给你灿烂的微笑。

7. 不必苛求完美，时刻保持良好的心情

有一个完美的工作，一份完美的爱情和一个完美的家庭，继而收获一个完美的人生，这是很多人的终极梦想。但梦想毕竟只是梦想，它与现实的距离有时遥远得让我们猝不及防地失望。

每个人做事都在追求完美，这是人的共性，也是做事的原则。但过于求全责备，苛求完美就走入了误区。世上没有完美的事，任何事情的完美只是一种暂时和相对的。世上也没有完美的人，完美的是神，而不是人。做事只要尽心尽力，达到一种相对的完美就可以。做人只要以善为本，追求完美就对得住自己。苛求完美没有必要，因为你永远也无法做到十全十美，做人做事都是如此。

有人说，完美是美好的理想，要想做到的人太辛苦了；也有人说，完美主义其实是一种逃避，因为完美，所以害怕破坏现有完整的一切；甚至有人觉得完美主义的人太“矫情”。的确，完美主义者往往责任感很强，用高标准要求自己，追求细节，凡事过于认真。在这个强调注重细节成功的年代，表面上看来，这些职场上的完美主义追求没有错，但在现实生活中，却在无形之中给原本压力巨大的“工作族”增添了更多的困扰。

做人不妨简单一点，低调一点，以不变应万变。这样才会活得自在、轻松，否则你会活得很累。因为人的欲望是无止境的，这山望着那山高。生活如此，工作更是如此。

细节决定成败，但做事不可求全责备，也绝不能粗枝大叶，毫无计划，应该是大处着眼，小处着手。

人常常感到迷茫、那是因为他失去了追求的目标。他不知道自己所追求的是什么？千里之行始于足下，万事开头难。你只要坚持一步一步走下去，就会与目标越来越近。空谈而没有行动，等于原地踏步。

中国有一句俗话“人无完人，金无足赤”，不完美是自然界一切生物与非生物的一种非常合理的状态。我们不能违背自然客观规律，既不能提升它的概念，也不能扭曲它的状态，引用毛主席那句名言“我们应该实事求是！”

著名影视明星徐帆在做客央视节目《咏乐汇》时，有观众曾问她：“你丈夫是中国及亚洲最著名的导演之一，他在你心目中是完美的吗？”徐帆答道：“我不会用完美这个词来描述一个人，一个人，完美了，他就不是一个人。一个人有优点有缺点，才是一个真正意义上的人，没有缺点的人是没有的。”这话说得太对了，这不正是诠释了那句“人无完人”吗？

在《西游记》中，唐僧师徒取得真经归来途中，遭遇第九九八十一难时，猪八戒毛手毛脚，将一本经书的最后一页拉掉了一长条，唐僧惋惜不已，而悟空说了这样一句话：“师傅，凡事都不是完美的，有一点缺憾，也是一种美。”唐僧听完，顿时释怀。神仙也会有缺憾，何况是人！

有一个十三四岁的小男孩，从小到大，无论是在家里，还是在学校，都是得到大家称赞和认可的好孩子，学习成绩也一直十分优秀。有一次，他在课堂上无意间做小动作，被老师发现了，老师狠狠地批评了他，而且让他站着听课。从那以后，他就好像变了一个人，不与人说话，不搭理人，也不好好学习，成绩一落千丈，眼神呆呆的，有时还独自傻笑。后来，生活竟不能自理，把他送到医院检查，结果他患上了严重的精神分裂症。在专科医院治疗了一段时间，生活自理能力有所改善，但智力已无法恢复，至今一直待在家里，家人帮忙照顾。他的父母和老师都痛心疾首，后悔不已。据他父母回忆，他是家中的独子，很听话，又争气，所以他在家里听到的都是鼓励和表扬的话。在学校，老师都还喜欢他，也没有责备过他，所以突然听到老师严厉的责备和批评，他精神崩溃了。而批评他的这位老师，其实，从心里十分喜爱他，对他的期望很高，不过想给予他一份严厉无私的爱，没想到却毁了他。

难道这不是苛求完美带来的悲剧吗？这个可爱的孩子，因为父母苛求他出类拔萃，所以溺爱他，给予他温室一样的成长环境，让他禁不起任何一点小小的风吹雨打。而老师，也苛求完美，希望他永远出色，所以严加责备，哪里知道他竟会承受不起这么一点小小的挫折。还有，这个孩子，已经十三四岁了，他一味地按照原来的思维方式去学习生活，不会运用自己已学过的知识去思考，不善于接受新事物，也是可悲的源泉。

在这个地球上，十全十美的事是不存在的，完美只是人们的一个目标、方向和憧憬，却不应该成为一个人的追求。

Sharen在一家杂志社工作。作为文字工作者的Sharen，每天都在咀嚼文字的好与坏，为了一个字甚至标点符号，Sharen会花很长时间去思考。“晚上做梦都会梦到我在电脑前，盯着那个字看，过了一会儿，那个文字就变成了人，指着我说，‘你用我不合适，找别人吧’。白天起来就一身汗，想昨天自己交的稿子是不是又有什么地方写错了，然后就打开电脑，把文章找出来，从头到尾看一遍。”这样的事情时常发生，以至于现在的 Sharen 每天早晨睁开眼睛的第一件事情不是吃早饭，而是开电脑。“我很怕自己做错什么，通常不保险的事情我宁愿不做。”

世界上本来就没有完美无缺的人与事。人一走向绝对，就走入了误区。但是在现实生活中，很多人却不止一次地犯着同样的错——过分追求完美。他们常常在生活中寻找完美之人，不仅是对自己的各个方面要求做到完美，也要求别人是完美之人。正是由于陷入这种误区，使得很多人错失良机，失去友情和爱情，甚至失去自我，以至于改变了对生活、世界的看法。

哲人说：“完美本是毒。”事事追求完美其实是一件痛苦的事，就如毒害心灵的药饵！

在这个地球上，十全十美的事是不存在的，完美只是人们的一个努力的方向，却不应该成为一个人的终极追求。一个“完美”的人，从某种意义上来说，他也是一个可怜的人，他体会不到生活里有所追求、有所希冀的感觉。正因为“完美”，他也无法体会到当自己得到了一直追求的东西时那种喜悦的感觉。所以，不必去羡慕完美。在生活中，不存在完美，完美都是相对的。维纳斯是美的，她的断臂使她的美成为残缺的美，可谁又能说她不美呢？从某种意义上讲，残缺的美才是真实、可爱的。正因其残缺，才能让人有更高的期待。

我们应该看到自己的优点，也应该接受自己的缺点，世上本来就没有完美的人生。因此，我们不必戴着假面具去生活。其实很多痛苦和烦恼都是自己给自己的。有的人总是在枉费大量的时间和精力试图控制一些自己本来没有，或者根本不与自己相关的事物，而同时却又忽视了自己应当去处理和关照的分内的事情。人的一生中有一件很重要的事情，那便是要明确自己的身份和位置，了解自己心里想要的是什么。

做不成大树，就做一棵小草。别人是别人，你是你自己，别人的得到是因为幸运也好，是因为努力也好，都不必羡慕，更不应该嫉妒。你自有你的长处和优点，做真实的自己比什么都重要。不必苛求完美，属于你的，好好把握；不属于你的，别去奢求。世界上永远都没有完美存在，让我们学会战胜自我，学会包容别人，允许每个人个性的存在，学会清醒地认识自我，正确地协调自我，完全地掌握自我，做一个拥有快乐和幸福的人。

第二章

保持生命的激情，用激情击退枯燥和单调

激情是什么？激情是让人热情洋溢、热血沸腾的感觉，激情是神采飞扬、喜气洋洋的状态，激情是无坚不摧、无所不能的力量，激情更是使生命精彩无限、使生活乐趣无穷的最大的源动力。拥有激情，一切都会大不一样，生命因激情而美丽，梦想因激情而璀璨，生活因激情而精彩，工作因激情而优秀！

1. 激情是人生路上一道绚丽的风景

激情是什么？激情其实就是一种情绪或是情感的状态，但是这种状态不是一种普通、平常或是消极、抑郁的状态，而是一种积极、昂扬的状态。在这种状态的引领下，我们会对自己所追求的有价值的目标迸发出迅猛、热烈甚至超越常情的一种高昂的热情。这就是激情。

激情其实就是成吉思汗纵马草原、弯弓射雕的英雄气概，是毛泽东"指点江山，激扬文字"的壮志情怀，也是周恩来"面壁十年图破壁，覆身蹈海亦英雄"的救国决心！每一个人的心中其实都有着无尽的激情，正是这种昂扬、勃发的精神力量，让许多伟大的人物成就了光耀万世的伟大事业。但激情也绝不仅仅只有伟大的人物和在伟大的事业中才会有，激情存在于每一个人的心中。正是这种激情，让无数普通而平凡的人因此把生活过得多姿多彩，让人生从此乐趣无穷。因为有激情，人生的路途将从此变得不同，因为有激情，追求的过程就成为人生美丽的风景。

很多人都知道电视剧《士兵突击》里忠厚老实的许三多说的那句话："不抛弃，不放弃！"简简单单的六个字告诉人们，只要抱着不抛弃不放弃的信念，永远保持为梦想拼搏的激情，就一定能获得最终的胜利。相比电视剧中的许三多，其扮演者王宝强的个人经历似乎更能阐释这六个字的真正意义。

王宝强出生于河北农村一个普通的家庭，自小喜爱电影，对电影有一种近乎狂热的喜爱，立志要当一名演员。8岁时，王宝强决定到少林寺学武。初到少林寺的他，每天都要起早贪黑地练武，真可谓冬练三九，夏练三伏，这使他练就了一身过硬的功夫。在少林寺的六年中，王宝强只在过年的时候回过家，但是，小小年纪的他，却从来没有因为苦因为累就放弃自己的梦想，甚至都从来不在父母面前提一句自己受过的苦。

到了2000年，他怀揣500元钱来到北京。在北影厂门口，他蹲了半个月才等到第一个群众演员的角色，可是过了很长一段时间也没等到下一个角色。在一无资源、二无背景、三无学历的情况下，他依然坚持自己对演艺事业的热爱，心中对于表演的激情从来没有消退过。他一边在工地打工，一边揣摩表演技巧，一有空就坚持跑到北影厂门口“蹲活儿”，并且不断地往剧组里送照片。正是这种对表演的热爱，对梦想的坚持，永不消退的激情，2002年时他碰上了职业生涯的第一个机遇——被导演挑中出演《盲井》。

初次担任主演的王宝强非常珍惜这次难得的机会，并以一种超越自我的激情倾心投入演出，他认真倾听导演的讲解，导演让下矿井就下矿井，让撞墙就真撞墙。为把一句台词念好他不下十遍百遍地练，不管什么事情都实打实地往好里做。

付出总有回报。凭借在《盲井》中的出色演出，王宝强获得了法国第五届杜威尔电影节“最佳男主演奖”、第四十届台湾金马奖“最新人奖”以及第二届曼谷国际电影节“最佳男演员奖”。

之后，王宝强的演艺事业踏上了高速路，相继出演了电影《天下无贼》和让他登上了演艺事业顶峰的电视剧《士兵突击》。憨厚、质朴、长相不佳并学历不高的王宝强凭着自己对演艺事业的满腔激情和凭着自己的执着努力，终于成为炙手可热的一线明星。

激情，让一切皆有可能。拥有激情，生命将是云帆，乘风破浪，勇往直前;拥有激情,生命将是海燕,在乌云与闪电间勇敢拼搏;拥有激情,生命将是滔滔江水,会冲破磐石终归大海;拥有激情,就会最终拥有成功。

激情是瞬间燃起把黑夜照得漫天通红的熊熊烈火;激情是奔涌前来横扫一切的滔天巨浪;激情是让人热情洋溢、热血沸腾的强烈感觉;激情是神采飞扬、喜气洋洋的精神状态;激情是无坚不摧、无所不能的强大力量;激情更是人生路上最绚美壮观的风景！因为有激情,一切变得不同,因为有激情,一切都成为可能！

美国著名作家爱默生曾经说:“有史以来,没有任何一项伟大的事业不是因为激情而成功的。”不仅仅是王宝强,那些明星、名人,甚至那些站在最高处的伟岸的身影,都是搭乘着激情的青云,直上那高高的云端的。

“芭蕾女神”巴甫洛娃8岁那年的圣诞节当天,在马林斯基剧院观看了《睡美人》,被舞蹈演员那美丽的舞姿深深地迷住了。从那之后,她便总对自己说:“跳舞吧,我要跳舞！我要变成一个伟大的舞蹈演员！”

巴甫洛娃有了目标后,立刻就付诸行动了。当天,她就开始学起了在马林斯基剧院看到的那个舞蹈。她请求母亲马上让她学习跳舞。巴甫洛娃的母亲对自己的女儿说道:“明天是个晴天的话,咱们就去舞蹈学校。”

虽然短短一个晚上,巴甫洛娃却觉得格外漫长,她彻夜难眠。

第二天,她的母亲就带她去了舞蹈学校,但是却被当地的舞蹈学校告知,10岁以下的孩子不可以入学。巴甫洛娃眼里含着泪水回到家,开始自己练习。

巴甫洛娃在家独自练习跳舞,她对自己将来一定会成为一名优秀的舞蹈演员充满自信,仿佛当时她已经是一名伟大的舞蹈演员了。

巴甫洛娃的家境非常贫寒,这使得她没有第二次机会观看芭蕾舞演出。但是,巴甫洛娃一想到跳舞就激情澎湃,浑身都是力量，她把她那天看到的舞姿不断地练习，她从来都没有放弃自己的梦想，坚持不懈地朝着目标前进。终于，在巴甫洛娃9岁那年，她通过了正式考试，成为了皇家芭蕾舞蹈学校的一名学生。

在皇家芭蕾舞蹈学校，巴甫洛娃选修了很难的芭蕾舞女主角课程。这需要用脚尖撑起全身的重量，练习非常辛苦。然而，巴甫洛娃却从来没有觉得辛苦，相反她每天都神采飞扬，精神百倍，不断地练习、练习、再练习。终于，从皇家芭蕾舞蹈学校毕业的时候，她已经是一名芭蕾舞明星了。观众为巴甫洛娃纤柔的舞姿、梦幻般的表情和精彩的演技倾倒。然而，这还不能让她满足，还不能成为她就此止步的理由。当时最著名的芭蕾舞演员切凯蒂在看了巴甫洛娃的演出后，给她指出了缺点，还说要想改掉这个缺点，至少还需要练习三年。

从此，巴甫洛娃便住在莫斯科，做了切凯蒂的学生，经过三年艰苦卓绝的练习，终于成为了最优秀的舞蹈演员。而且终其一生，她对于舞蹈的激情从未消退，只要是需要她的舞蹈的地方，不管是什么地方，她都会去献上她的舞蹈，即使有时生病了也不休息。在整个国外公演的生涯中，她搭乘飞机飞行的距离超过了15万公里，出场达四千多次。

生命会因为激情而飞扬，人生会因为激情而美丽，梦想会因为激情而璀璨！

激情是人生路上一道绚美的风景，拥有激情，能使人永远神采飞扬，精神百倍；拥有激情，任何艰难困苦都阻挡不住前进的脚步；拥有激情，再平凡普通的人生也会因之变得不同。

李素丽，一个家喻户晓的名字，一个热情奉献的公交人。她十几年如一日，全心全意为乘客服务，用她飞扬的激情在公共汽车售票员这一平凡的岗位上做出了不平凡的事迹。

李素丽是乘客的贴心人，她根据乘客的不同需求，给他们最需要的服务：老幼病残孕，怕摔怕磕怕碰，李素丽就搀上扶下；“上班族”急着按时上班，李素丽就尽量让他们都上车；外地乘客容易上错车或坐过站，李素丽便及时提醒他们；中小学生天性活泼，李素丽会提醒他们在车上维护公共秩序，下车注意交通安全。

李素丽习惯在车厢里穿行售票，车里人多，一挤一身汗，可她说：“辛苦我一个，方便众乘客。”李素丽的售票台抽屉里总是放着一个小棉垫，那是她为抱小孩的乘客准备的，有时车上人多，一时找不到座位，李素丽就会拿出小棉垫垫在售票台上，让孩子坐在上面；遇到堵车，她就会拿出事先准备的报纸、杂志，让乘客看一会儿，缓解焦虑；看到有人晕车想吐，她会赶紧拿出方便袋；姑娘们夏天穿长裙上下车，她一定忘不了提醒她们往上拎一拎，以免让人踩上摔跟头……

李素丽为她的岗位感到自豪。她说：“是它给了我每一天都能向他人奉献真情的机会。如果我能把这十米车厢、三尺票台当成为人民服务的岗位，实实在在去为社会做贡献，就能在服务中融入真情，为社会多增添一份美好。”

因为激情，所以成功。李素丽、杨利伟、许振超、白国周……以及许许多多优秀成功的人，无一不是因为激情而成就了自己辉煌的人生！激情是吹动船帆的风；激情是走向成功的动力；激情是奋进路上飘扬的旗帜；激情是人生路上最绚美的风景！

2.

每个人的内心都有炽热的激情

激情是一种强烈的、具有爆发性的情感，一种对人、事、物和信仰的强烈情感。它发自内心，又深入内心。它是一个人保持高度的自觉，把全身的每一个细胞都调动起来，完成他内心渴望完成的事业的一种勃发的精神状态。

激情可以创造奇迹，有着无法抵御的魅力，还有着锐不可当的威力。历史上有许多依靠个人激情改变现实的事迹。

> 拿破仑在第一次远征意大利的行动中，只用了15天时间就打了6场胜仗，缴获了21面军旗，55门大炮，俘虏15000人，并占领了皮德蒙德。在拿破仑这次辉煌的胜利之后，一位奥地利将领愤愤地说："这个年轻的指挥官对战争艺术简直一窍不通，用兵完全不合兵法，他什么都做得出来。"
>
> 拿破仑发动一场战役只需要两周的准备时间，换成别人可能需要一年。这种差别正是因为他有着无与伦比的激情，还有他的那些根本不知道失败为何物的满腔激情地跟随着他的士兵，从一个胜利走向另一个胜利，让战败的奥地利人目瞪口呆。

不要以为激情就是轰轰烈烈的特定的人和特定的事才会具备和拥有。激情并非特权，并不专属于某一个人或是某一类人、某一阶层的人，而是属于每一个人。这是上天恩赐于我们每一个人的珍宝，是每一个人天生就拥有的潜能。每一个人心中都深藏着巨大的激情，只要我们去耐心地发掘，它就会指引我们向着梦想的方向前进，最终抵达心中的梦想。

安徒生的家庭贫困不堪。父亲是个鞋匠，生意清淡，母亲靠为人洗衣服挣点钱贴补家用。一家人常常为了生计问题而愁眉不展，安徒生在贫困和孤寂中度过了自己的童年。父亲把一切希望寄托在独生儿子身上。他对儿子说："我的命苦，没有得到念书的机会，你一定要有志气，争取学些文化，使自己成为有知识的人。"父亲在贫困的生活环境中没有忘掉对儿子的启蒙教育。在他家那唯一的一间狭小的房子里，只有一张做鞋用的工作凳、一张用棺材架改装的床和安徒生晚间用来睡觉的一条凳子。但父亲却为儿子布置了一个艺术的环境：墙上挂了许多图画和装饰品，架子上摆了不少玩具，工作凳旁还有一个矮书桌，上面放有书籍和歌谱，门上贴一幅风景画。父亲常在劳动之余抽时间陪安徒生玩。为排解儿子的寂寞，常常给他讲一些《一千零一夜》中的古代阿拉伯的传说。有时，为了调节一下气氛，父亲还特地给小安徒生念一段丹麦著名喜剧作家荷尔堡的剧本，朗诵莎士比亚戏剧中的章节。这些剧本里的故事启发了安徒生，激发了他心中对于艺术、故事和表演的极大的热情。他经常把大人们讲的故事通过自己的设想演绎成新的故事。他曾幻想自己是个戏剧导演，把橱窗上父亲雕刻的木偶人打扮成剧中人物，做各种戏剧表演。他还根据自己的现实生活，开始编木偶戏。为了拓展他的精神世界，父亲带他外出观察各种人物神态及行为举止。他看到在这个世界里活动着生意人、手艺人、店员、乞丐、贵族、地主、市长和牧师，可他不理解为什么这些人之间生活水平相差那么大。

1815年冬天，安徒生的父亲因病去世。母亲每天外出替人家洗衣服，孤单的安徒生白天独自待在家里玩木偶戏，有时也到一个同情他的邻居家玩一会儿。在那里，他第一次听到"诗人"这个名词。主人知道他喜欢演戏，偶尔也给他谈起一些他未听说过的剧作家和剧本的名字，这更激起了他对戏剧的想象和激情。

14 岁那年，哥本哈根皇家歌剧院有个剧团到奥登塞来演出。安徒生跟一个散发节目单的人交上了朋友，由此他得到了躲在后台的一个角落偷偷看戏的机会。他发现了一个新的天地，觉得这才是自己要做的事情，他激情澎湃地决心当一名艺术家。1819 年 9 月 5 日，安徒生拒绝母亲要他到一个裁缝店里当学徒的安排，只身来到哥本哈根。历经千辛万苦，多次碰壁，他也只演过几次小角色，当演员的希望成为泡影。后来，经皇家剧院负责人拉贝尔安排，他开始为剧场写剧本。此后，便进入了创作旺盛期，最后终于成为世界著名的童话作家。

成功与其说是取决于人的才能，不如说取决于人的激情。查尔斯·布克希顿告诫人们："经验证明，对于取得成功，激情比能力所起的作用还大。全心全意投入工作的人是赢家。"因为灰烬中不能生出火焰，无精打采的人胸中也不会怀有热情。激情是对所热爱的工作产生出的火一样的热情，是不断鞭策和激励我们向前奋进的动力。只有这样的人，才能真正取得成功。

著名音乐家亨德尔年幼时，家人不准他碰乐器，不让他去上学，哪怕是学习一个音符。但这一切又有什么用呢？他在半夜里悄悄地跑到秘密的阁楼里去弹钢琴。莫扎特孩提时，成天要做大量的苦工，但是到了晚上他就偷偷地去教堂聆听风琴演奏，将全部身心都融化在音乐之中。巴赫年幼时只能在月光下抄写学习的东西，连点一支蜡烛的要求也被蛮横地拒绝了。当那些手抄的资料被没收后，他依然没有灰心丧气。同样的，皮鞭和责骂反而使儿童时代充满热情的奥利·布尔更专注地投入到他的小提琴曲中去。

人是很奇妙的，每个人内心都有激情，能感受到这种强烈的情绪，这种内心的情感却正是驱动我们奋发进取、走向卓越、影响别人和成就自己的关键因素。凭借激情，我们可以释放出潜在的巨大能量，补充身体的潜力，培养出一种坚强的个性；凭借激情，我们可以把枯燥无味的工作变得生动有趣，使自己充满活力，培养自己对事业的狂热追求；凭借激情，我们更可以获得领导的提拔和重用，赢得宝贵的成长和发展的机会。

每个人的内心都有无尽的激情，我们要做的，就是把激情激发出来，让激情指引我们不懈努力，用激情的力量让我们看到普通工作背后的重要的意义。许多看似枯燥又单调的基层工作，其实是很好的磨炼。记住每个人自身都有一座潜力巨大的宝藏，每个人心中都有火热的激情，释放它还是压抑它，燃烧它还是熄灭它，拥抱它还是放弃它，决定着我们的一生的成功或失败！

3.

燃烧的激情让你热血沸腾

激情，说白了实际就是一种心理内在固有的基因，是我们自身品质、精神状态和对事物认知程度的一种外化表现。每个人天生就拥有激情，只不过许多人的激情还在心灵的深处沉睡，还没有被发现，更没有发挥它应有的作用。而另一些人，他们的激情被激发出来了，像火种一样，越烧越大，越烧越旺，熊熊燃烧着的激情引领着他们不断地向前行进，帮助他们收获了一次又一次的成功，创造了一个又一个的奇迹。而永不熄灭的激情之火还在不断地指引着他们向前，继续向前，向着更远的梦想和更大的目标不断前行。

马云从一个教书先生到创建阿里巴巴的庞大帝国，最重要的,就是心中澎湃汹涌、火一般燃烧着的激情!

1995年9月,创业之初,马云只有30岁。那时的他就是一个充满激情的青年,领导着一帮比他更年轻的青年团队在网络江湖上拼杀。那年马云因精通英语被邀请赴美做商业谈判的翻译,一次偶然的机会接触了Internet,当时在美国互联网正方兴未艾,而在中国触网的人还寥寥无几,他看到了网络改变世界的巨大能量,从美国带回了创业梦想。回国后,马云便决定辞职并创办中国第一家互联网商业网站——中国黄页。在辞职前的一个晚上,马云邀请24个朋友一起来"共议大事",朋友们的反应出奇的一致,23个人说不行,只有一个人说可以试试。但马云没有理会朋友们的"逆耳忠言",反而坚定了自己行动的决心。为了梦想,马云义无反顾,一头扎进了Internet的"汪洋大海",于是一个现代版的阿里巴巴神话从此开始。

那时,大家还不懂互联网,打开一个网页也需要漫长的时间,马云到处推销他的"中国黄页",还曾被人当作是骗子。

1999年2月21日,阿里巴巴第一次员工大会在马云位于湖畔花园的家中召开。马云为自己的梦想所激动,手舞足蹈地发表激情演讲:"往前冲,一直往前冲。"十几个人手里拿着大刀,啊!啊!啊!向前冲,有什么好慌的。

当时有人问马云阿里巴巴的前景,马云说:"以50万元起步的阿里巴巴将来市值将达到50亿美元。"

2002年底,互联网冬天刚过,马云提出,阿里巴巴2003年将实现赢利1亿元。这在当时是不可思议的,可是阿里巴巴实现了这个目标。在2003年年终会议上,马云又开始梦想,他提出2004年实现每天利润100万元,2005年实现每天缴税100万元。

也许在很多人看来,激情四溢、梦想未来的马云是有些疯狂——要在中国一个小城市创造一个世界一流的企业;要在5年内让阿里巴巴成为世界十强;要做一件伟大的事,要把以B2B

模式为互联网服务模式带来一次革命！

“今天很残酷，明天更残酷，后天很美好，但绝大部分人是死在明天晚上，看不到后天早晨升起的太阳，所以不要放弃今天。”这是马云的名言，也是他的激情告白。因为他就是这样永远坚守梦想、永远保持激情、永远坚持到底，才最终度过了艰难的时期，守望到了后天的太阳。

到后来，当马云提出打造能活102年的企业、创造100万个就业机会、10年内把“阿里巴巴”打造成为世界三大互联网公司之一和世界500强企业之一、“淘宝网”交易总额超过沃尔玛等梦想时，已很少有人再感到吃惊或者怀疑了。因为他们相信，永远激情四射的马云一定会实现他的这些梦想！

激情总与梦想相伴，与成功相伴。与其说马云是一个企业家，不如说他是一个“造梦人”、一个激情四射的创业者、一个伟大理想的布道者和一个辉煌梦想的鼓吹者。马云奉行激情人生、激情创业、激情创新和激情冒险，他也凭借激情走向了成功。马云把激情写进阿里巴巴的价值观，也把激情写在了成功者的标牌上。

成功最需要的，就是梦想和激情。“有梦想谁都了不起，有激情谁都能成功！”激情就是内心的火焰，燃烧的激情让我们血液沸腾。不论现实多么残酷，事情多么困难，我们都一样可以做到，一样可以成功。

美国原国务卿鲍威尔的传记中，有这样一段记载：鲍威尔的第一份工作是在一个大公司当清洁工，因为在这家大公司里，那是唯一留给黑人的工作。

鲍威尔虽然心有怨言，但并没有因此气馁，更没有自暴自弃，而是把自己心中想要干一番大事业的激情投入到了这份几乎不可能干出什么成绩来的工作中。他做每一件事都很认真，很快他就找到一种能把地板拖得又快又好的方法，而且还研究出了一种更省事更省力也更方便的大拖把，用这种拖把，不仅拖得干净，人还不容易累。这个情况被他的上司知道了，观察一段时间后，上司断定鲍威尔是个人才，很快就破例地对他进行了提升。这件事让鲍威尔惊喜异常，更加激发了他的工作热情，他对工作更努力了。此后不论从事什么样的工作，他都投入百分之百的热情，最终，他成功了。

没有人天生就无所不能，无所不能往往是经过千锤百炼之后才能达到的境界。而这种百折不挠的精神，正是源于我们内心熊熊燃烧的激情。永远不要忽视这激情的火种，更不要小看激情的力量，这样的火种可以燃起熊熊的烈火，让自己光芒万丈，成为最优秀的人。

4. 飞扬激情，工作不再枯燥

为什么我们天天努力工作，却还会觉得工作枯燥无味，没有乐趣呢？很多人其实都心知肚明：因为我们对工作和生活失去了往日的激情！失去了激情，不仅会使我们的工作失去乐趣，生活失去目的，一切都不再能激得起我们的兴趣，让我们无精打采，觉得乏味。所以，要想工作不再枯燥，让工作有乐趣，有追求有目标，就需要激发我们的激情。只有激情飞扬，才能远离枯燥和单调，让我们生机勃发，工作意趣横生起来。

美国著名作家、世界十大推销员之一的弗兰克·贝特格，早年曾是一名职业棒球运动员。在职业棒球生涯初期，贝特格受到过一次沉重的打击，他突然无端地被球队解雇了。解雇让年轻并渴望出人头地的贝特格措手不及并莫名其妙，于是他去问老板为什么会解雇他。

老板的回答让贝特格无言以对："因为你太懒惰，打球时无精打采，像是一个打腻了的老球员。如果不是懒惰，在球场上你的表现决不会像那个样子。"然后，老板又语重心长地告诫道："弗兰克，离开这儿后，无论你去哪儿，都要振作起来，工作中要有生气和激情。"

就这样，贝特格离开了每月能挣175美元的球队，到了一个每月只能挣25美元的新球队。在那里，没有人熟悉他，也没有人责怪他懒惰，贝特格下决心一定要成为球场上最有激情的球员。

从那一刻起，贝特格在球场上就像一个充足了电的人。他的掷球变得快而有力，以至于几乎要震落内场接球同伴的手套。一次比赛时，烈日当空，温度足有华氏100度，贝特格没有因为害怕中暑而不去努力，他充满激情，全力以赴，抓住对手接球失误的机会奋力跑向主垒，赢得至关重要的一分。

第二天早晨的报纸给贝特格起了个绰号叫"锐气"，称他是队里的"灵魂"。记者这样写道："这个新手充满了激情并感染了我们的小伙子们。他们不但赢得了比赛，而且看来比任何时候都好。"

"激情"像奇迹般地在贝特格身上起了作用，他克服了恐惧心理与紧张情绪，打得异乎寻常的好。甚至在烈日当空的酷热中比赛，贝特格也活力十足。激情使一个三周前被开除了的懒惰球员，变成了"锐气"和"灵魂"。

很快地，贝特格的月薪也从25美元涨到了185美元，除了"激情"还有什么能使他的月薪在十天内上升700%呢？看看贝特格自己的感慨吧："实际上使我的月薪猛增700%的，并不只是我球技出众或是有很强的能力，在投入激情打球以前，我对棒球所知甚少，完全是凭着热情，使我获得了如此大的成功。”

因为伤病退出职业棒球生涯之后，贝特格成了一名人寿保险推销员。起初的十个月是沉闷和令人沮丧的，以至于让贝特格觉得自己根本就不适合当一名人寿保险推销员。

但他很快调整过来。在回忆录中，贝特格这样写道：“我始终记得第二天我打的第一个电话。我下定了决心要在工作中充满激情，那真是一次速战速决的谈话。接电话的人大概从未遇到过如此热情工作的推销员。当我积聚起我的全部热情来说服他时，我倒真希望他能问我到底发生了什么，并打断我，然而他并没有这样做。”

“在后来的面谈中，我注意到他挺直了身子，睁大眼睛，想询问有关寿险的事。但他并没有打断我，最终也没有拒绝我的推销，买了一份保险。从那天之后，我开始真正地推销了。‘激情’奇迹般在我的工作中发生了作用，就像在我的棒球生涯中一样。”

正是因为弗兰克·贝特格这种无人可以抵挡的对工作的激情成就了他的事业，使他成为美国最著名的寿险推销员，也是迄今无人超越的寿险推销员。他在25年的推销生涯中，销售了4万份人寿险，平均每天5份。

这样的成绩，与其说是取决于他的才能，不如说是取决于他的激情，取决于他对工作的热爱。因为激情，他在烈日当空的酷热中不停跋涉；凭借激情，他说服了一个又一个客户；依靠激情，他让四万多人被他打动，创造了推销史上的神话；飞扬激情，他不仅成就了自己的辉煌事业，也让自己的工作成为世界上最有意趣和最生动的工作！

美国伟大的哲学家爱默生说：“不倾注激情，没有任何一个人能成就丰功伟绩。”激情是工作的灵魂，也是让我们爱上工作的最关键的理由和动力，也是我们抗拒枯燥和单调，避开乏味和无聊的最有用的良方，更是我们做出成绩并且一直对工作保持极度的热情以及对工作倾注一切精力的关键。

对于爱看武术片的人来说，对甄子丹必不会陌生，我们最信服的不是他的肌肉，而是一种由内而外展现出的勤奋者所饱含的工作激情。

甄子丹出生在广东，2 岁来到香港，11 岁移民美国波士顿。母亲麦宝婵是个世界闻名的武术家和太极拳师，在当地创办了中华武术研究会。甄子丹最初是学钢琴，会弹肖邦进行曲，音乐是他生活中的灵感来源之一。父亲是波士顿《中国日报》的编辑，擅长弦乐，会拉小提琴和二胡。甄子丹继承了父母的音乐天分，并把它运用到了他的电影中。

在美国波士顿唐人街长大的甄子丹，从小受其母亲（现在美国经营武馆）影响，对中国武术和功夫电影有一种狂热的迷恋。母亲在甄子丹会走路起就开始教他练武了，他由此学到了传统和现代的武术；还有太极，理解武术内在和外在的规律。在波士顿的唐人街，年轻的甄子丹对每一部功夫电影从不错过，看过李小龙、成龙等人的作品后，他都能精确地模仿他们的动作，甚至逃学去看功夫电影。出于对知识的饥渴和一些反叛心理，他的眼光开始向外看，学习各种风格的武术。由于他在武术上的天分，甄子丹在对武术真理的追求道路上大步前进。

十几岁时，叛逆的甄子丹在波士顿声名狼藉的暴力区里横冲直撞。于是父母便安排他到北京武术队和李连杰一起学习，甄子丹成为了队里第一名非中国籍的运动员，北京武术队开了先例，后来便来了更多外籍人员。虽然队里的训练非常严格，但甄子丹想要的还要更多，所以他只在北京逗留了一段时间。此后他从香港回美国途中，认识了袁和平，从此改变了甄子丹的一生。

1984 年，甄子丹主演了《笑太极》，此片由袁和平导演，在此片拍摄时，甄子丹还未确立自己的风格，但其身手已令人刮目相看。1985年，袁和平执导的《情逢霹雳》中，甄子丹以武术包装霹雳舞，刚柔并济，极为惊艳！之后二人又相继合作了《特警屠龙》《皇家师姐Ⅳ》《洗黑钱》等。在《笑太极》里，他极好的身体素质得以体现；在《特警屠龙》中，他的拳展现了武术风格的多面性；

在从影过程中，他也没有停止练武。智力和体能同时提高的过程中，他对李小龙哲学的理解也越来越深入。“我已经学武多年，再也不会把武术细致的分裂开了。我同意李小龙所说的：我们都只有两只手和两条腿，所以不会有很多不同风格的武术。”

徐克在拍《黄飞鸿2之男儿当自强》时找到甄子丹作为李连杰的最后对手。在那场戏中甄子丹设计了创造性的动作，就是用湿布来做武器，奠定了他功夫明星的地位，他因此被提名1992年香港电影最佳男配角奖。随后他又拍了《新流星蝴蝶剑》《新龙门客栈》《铁马骝》等片子。在《铁马骝》中，他饰演黄飞鸿之父黄奇英，在与少林叛徒对战时表演了无影脚，是那十年中最有影响力的打斗场面之一。他在这些影片中的表现再一次证明了他是个武术的通才。

在传统武打影片风过后，甄子丹转到压力很大的香港电视剧发展他的导演才能。他在两部电视剧《洪熙官》和《精武门》中主演并导演动作场面，还在《精武门》里担任摄像、剪辑、采声等工作。浪漫、冒险、阴谋和戏剧成为甄子丹故事中的关键因素。这就是甄子丹，不是成龙、李连杰，亚洲的观众在街上看到他都叫他陈真。

谈到电影和电视创作的基本目标，甄子丹说：“要调动观众的感情，如果做不到，那就是不成功的。”许多制片人使影片成为大制作、情节复杂、激烈，但甄子丹希望他的电影能贴近观众，能把他们带进自己的世界。虽然《杀杀人，跳跳舞》票房不到50万美元，但由于其独特的风格，使甄子丹赢得了亚洲评论的称赞，特别是被日本的观众接受，在那拥有了许多年轻的铁杆影迷。

2005 年，甄子丹主演的《杀破狼》《七剑》让写实武打片赢得各方叫好，票房也是节节高。其后，《龙虎门》《十月围城》《叶问 1》《叶问 2》更是赢得了一系列声誉。当年那个只演配角的小武生，终于红了，终于成为一线武星。

“成龙、李连杰都有自己的风格，我是因为自己的性格影响了武打风格。我可以让观众感受到直接、激情和热情，这也是我跟他们最大的区别。李连杰在四合院里长大，他比较传统；成龙从小生活在戏班，他的动作受京剧表演的影响，某些方面比较反传统。他俩跟我都合作过两次，跟李连杰合作两部古装片，都是用一些兵器对打，没有在拳脚方面比较。跟成龙大哥合作的第一部是在好莱坞拍的戏，我那个角色一路追着他打，没有好好地拳来脚往比较过。另一次合作是我当动作导演拍成龙，也没有好好切磋一下。有人说我们三人是竞争对手，我认为没有竞争就不会进步。”

现在，李连杰日生退意，成龙也逐渐向幕后转移，只有甄子丹仍然满怀激情，誓言要打到“打不动”，演到“不能演”时再退休。

一个人如果仅仅是为了工作而工作，那么，他做起事来就会马马虎虎，甚至会闯大祸。一个没有激情或是失去激情的员工，注定勉强地完成工作，他不会主动，难以担责，更不可能为工作付出全部的身心。做事只会马马虎虎，稍遇困难就会打退堂鼓，永远不可能坚持到底。这样的员工，又如何可以得到成长和发展的机会，如何可以取得骄人的成绩？这样的员工，无论做什么工作，都只会沦为平庸之辈。只有那些充满激情的人才把自己所从事的事当成是一种挑战，自己在这个过程中不是煎熬，而是一种享受。充满激情的员工，会更加热爱自己的工作，会在愉快的工作过程中将工作做得完美无瑕。因为充满激情，使他们拥有了直面人生的勇气。在困难面前，他们会越挫越勇，热忱毫不减弱，始终激励自我前进。

他们的眼睛会永远闪烁着希望之光，永远有着向上的精神动力，这样，总有一天他们会成为事业有成的成功者。

激情是一个人的能力得到最大发挥的催化剂，能够敦促你不断向前，不知疲倦，而且在困难面前，激情能够帮你恢复斗志。所以，任何时候，都要让自己保持一份激情，保持一颗年轻向上的心，保持昂扬的斗志和舒心的笑容。拥有激情，我们的工作就不再枯燥，生活也就不会再感到单调。每一天、每一时、每一刻，我们都会被这种飞扬的激情激荡着心灵，时时刻刻都保持着勃勃的生机和向上的动力，让我们一直向前，永不后退！

5. 挥洒激情，生活不再单调

生活需要激情，就像花朵需要露水。试问没有被露水滋润过的花朵又怎么会有水灵灵的风采？拒绝露水的花朵，只会有碎裂的结果。没有被激情渲染过的生活，也必定会死气沉沉，了无意趣。只有对生活充满激情，才能享受生活的精彩，也才能对生活充满无尽的热爱，不会再感到单调和乏味。

小余是这个市政设计单位新来的女孩子，她给人的第一印象就是“阳光”，因为她永远都是“不知忧愁不知疲倦的样子”。不久之后，单位的人又领略到了她的另一个特征，那就是“爱好众多”。不管什么，她都爱，爱唱歌、爱跳舞、爱看电影、爱泡吧、爱旅游、爱美食、爱美衣、爱朋友……爱一切新鲜、时尚和有趣的东西。也是因为年轻吧，每一天她似乎都玩得特别开心，整天喜笑颜开的。

每一天，她都把自己的生活安排得多彩多姿，甚至尽量让自己的生活每天都不重复。比如周一下班后她会和朋友一起去练瑜珈或是健身，周二如果选择去逛街了，那么周三一定会去看一场电影或是自己买点菜回家来做一顿爱吃的好饭奖赏自己，周四会去歌厅唱歌，周五会约朋友聊天，周末听听音乐会或是一次短时间的外出旅游……反正每一天她都会有自己的安排，每一天生活都不重复，每一天都会多姿多彩。因而她整个人的状态都非常好，眼神明亮，步子轻快，生机勃勃，热情洋溢。

最初，办公室的几位老同志很看不惯她的“疯”，觉得这样肯定会影响到她的工作。但奇怪的是，她的工作却一直做得非常好，没看到她加什么班，但是她的工作完成得非常好，就连最挑剔的主任也挑不出来什么错，这让大家对她的能力产生了高度的信任。她的这种状态感染了办公室里的其他的人，慢慢地，大家也都学着像她一样安排自己的生活，和家人一起出门散步、旅游、聚餐的时间多起来了，尽情地放松自己、大声地唱歌或是做自己爱做的事，不再是每天都过那种“单位——家庭——单位”“吃饭——上班——吃饭——睡觉”的单调日子，每一个人都像小余一样变得“爱玩起来”。而小余则经常拉着大家和她一起“疯玩”去。不久之后，大家竟然都开始喜欢了她的这种“疯”，办公室也一改往日的沉闷和死板，午间休息时大家也都乐于交流一下自己的“疯”和“玩”的经验，办公室变得活泼有趣起来。但奇怪的是，这不仅没有影响到大家的工作，相反，却使大家的工作效率提高了，加班的人少了，工作却更有成绩了。

也有人问小余，为什么她每天都能把生活过得精彩，小余说得很有哲理，她说时常对自己说的一句话就是“生活要有激情”！对生活有激情，才会让自己更加的爱生活，过得更加快乐、开心！所以，要让自己经常做一些有激情的事情，不要怕它新鲜刺激，越是新鲜刺激，越应当去大胆尝试。这样，每一天的生活都会充满新鲜和乐趣，每一天都绝不会再单调无聊。这样的生活，才会更加激起我们的热情，让我们的生活更加精彩。

激情是生活的动力。一个失去激情的人，就没有了进取的欲望，没有了生活的勇气，更没有了前进的冲动。没有激情和斗志的生活，是空洞和无聊的，没有意义和生机的，委靡不振的。这样的人生，和行尸走肉又有什么分别？

只有充满激情的心灵才是最有活力、最灵动飞扬和最富有生机的心灵。只有这样的生活，才是内涵丰富、乐趣无穷又精彩纷呈的生活。

畅销书榜上有一本叫《背包十年》的书，一本行者的书，很火。书的作者叫小鹏，一个年轻、有激情、快乐的旅行者。小鹏是新旅行作家，将美景与体验塞入背包，将感动与分享凝结成册；不仅是一位博客达人，是新媒体时代跨媒体的影响力人物，还是一本出版两月后连续加印 6 次的畅销书的作者。他的行者生涯被无数人向往，他的精彩生活更是被无数的青葱少年奉为至高无上的梦想。他对生活的激情，对旅行的热爱，都成为很多年轻人的榜样。

2001 年小鹏自南开国际贸易专业毕业。2001 夏天他第一次自助旅行，从此他就没有停下自己的脚步，无论碰到多大的困难。打工，挣钱，旅行，再打工，再挣钱，再旅行，十年间，小鹏就这样一路不断地行走着，用脚步丈量了 50 多个国家，用实践证明了旅行也可以成为专门的职业。

他一直在路上，坚持，跋涉，写作，继续。他到达云南边境的一个小村庄，似陶渊明笔下世外桃源，景色迷人，民风淳朴，没电没网络没有手机信号一时间有些许的落寞但是也有一份惬意，毕竟可以暂时不问世事。他选择了一间用竹子搭建的“客栈”住下，静谧安逸，每日里除了看书、日光浴、练瑜伽、禅修、画画，最开心的当属与当地孩子们一起游泳和下河摸鱼，仿佛又回到了童年。他的生活因为不断地行走，而比别人多了许多的精彩。

生活因激情更精彩。沉浸在欢乐中的喜悦在激情中跳动；深藏在生命中的力量在激情中释放。激情是不断鞭策和激励我们奋进的动力，它可以使我们不畏惧现实中所遇到的重重困难和阻碍，也可以使我们克服因为忙碌、疲倦、重复和没有新鲜感而产生的压力与倦怠。拥有激情，生活一定了无遗憾，也一定不会再感到枯燥无味，单调无聊，而是充满意趣，精彩无限。一个对生活充满激情的人，他的生活注定是精彩和有趣的，并充满意义——哪怕从世俗的眼光来看并非这样。

美国梭罗博物馆在百联网上搞了这么一个测试，题目是你认为亨利·梭罗的一生很糟糕吗？共有467432人参加了测试，其结果是这样的：92.3%的人点击了“否”；5.6%的人点击了“是”；2.1%的人点击了“不清楚”。这一结果非常出乎主办者的预料。

大家都知道，梭罗毕业于哈佛大学，他没有像他的同学那样，去经商发财或走向政界成为明星，而是选择了瓦尔登湖。他在那儿搭起小木屋，开荒种地，写作看书，过着原始而简朴的生活。他在世44年，没有结过婚，没有出过书，生前在许多事情上很少取得成功。他写作，静思，直到得肺病在康科德死去。就是这样的一个人，世界上竟有那么多的人认为他的生活并不糟糕。难道这些点击者的生活还不如当时的梭罗吗？显然不是，因为从点击者选择的国旗来看，他们大多来自于西欧及北美。这些地方的人，即使是所谓的穷人，也远比当时的梭罗富裕。

那么是什么原因使他们羡慕起梭罗呢？为了搞清楚其中的原因，梭罗博物馆在网上首先访问了一位商人。商人答：“我从小就喜欢印象派大师梵·高的绘画，我的愿望就是做一位画家，可是为了挣钱，我却成了一位画商，现在我天天都有一种走错路的感觉。梭罗不一样，他喜爱大自然，他就义无反顾地走向了大自然，他热爱那样的生活，他把人生的激情用于他的闲适独处和安静思考，他应该是幸福的。”

接着他们又访问了一位作家，作家说：“我天生喜欢写作，现在我做了作家，我非常满意，感觉到了生命的激情和意义；梭罗也是这样，我想他的生活不会太糟糕。”

后来他们又访问了其他一些人，比如银行的经理、饭店的厨师以及牧师、学生和政府的职员。其中的一位是这样给博物馆留言的：“别说梭罗的生活，就是梵·高的生活，也比我现在的生活值得羡慕，因为他们都活在自己该活的领域，都做着自己想做的也该做的事，他们充满激情，他们活得自在，活得精彩，他们是自己真正的主宰，而我却在为了过上某种更富裕的生活，在烦躁和不情愿中日复一日地忙碌，激情被一天天销蚀，回头望去，生命里空无一物。”

是的，我们不热爱自己的生活，是注定不会有激情的，而没有激情的生活，又注定是枯燥、空洞、没有意义的，只有空无一物的空白。这样的生活，当然是可悲的，又何谈精彩？

生活的意义，在于各人的理解，但是只要拥有激情，就能让自己快乐幸福，让自己拥有精彩美妙的生活。拥有热情，你就总有使不完的劲和“情不自禁”的冲动，你就会视工作为乐趣，以工作为事业，努力挖掘生活中各种各样的乐趣，让生活多彩起来。于是你上班会比别人积极，生活也比别人快乐，你会觉得生活的快乐和意趣其实无处不在：健康平安是快乐、家庭和睦是快乐、付出也是快乐、有亲(老)孝敬也是快乐、充实(有事可干)是快乐、小有成就是快乐、恰当比较是快乐……有阳光心态，一切都快乐。一个生活在快乐之中的人，自然会觉得生活多彩多姿。

6.

永葆激情，工作更优秀，生活更美好

激情是什么？激情是心灵之火，点燃了我们生活和工作的活力之灯，让我们热情地拥抱生命，开创未来；激情是心中的神，让我们光芒四射，生机勃勃，让我们活力无穷，坚强有力；激情是一种意识状态，调动我们全身的每一个细胞，鼓舞和激励我们去采取行动；激情是一种可以融化一切的力量，是一种不断鞭策和激励我们向前奋进的动力。

世上许多做得极好的创意，都是在激情的推动下完成的。关键所在，是要把将工作做好的激情保持长久，做到善始善终。所以，除了对工作有热情并倾注热情外，还要保持对工作的激情不变，这才是成功的关键。

激情需要长远。短暂的激情一文不值，只有持久的激情才能焕发出经久不衰的活力。短暂的激情只能带来浮躁和不切实际的期望，不能形成巨大的能量；而永恒持久的激情会形成互动和对撞，产生更浓烈的激情氛围，从而持续地充满活力与希望。

刚刚进入公司的员工，自觉工作经验缺乏，为了弥补不足，常常早来晚走，斗志昂扬，就算是忙得没时间吃饭，依然很开心，因为工作有挑战性，感受也是全新的。愿意以极大的兴趣、热情和激情投入到工作中去，从而有着无与伦比的力量和精力，我们每天都充满活力。这种工作时激情四射的状态，几乎每个人在初入职场时都经历过。

可是，这份激情来自对工作的新鲜感，以及对工作中不可预见的问题的征服感，一旦新鲜感消失，工作驾轻就熟，激情也往往随之湮灭。一切开始平平淡淡，昔日充满创意的想法消失了，每天的工作只是应付完了即可。既厌倦又无奈，不知道自己的方向在哪里，也不清楚究竟怎样才能找回曾经让自己心跳的激情。我们也从前途无量的员工慢慢变成称职而已的员工也就失去了升职、加薪等诸多工作机会，激情也就像温水中的青蛙一样慢慢消亡。这对于我们攀上更高的山峰显然是不利的。唯有保持激情之火永不熄灭，才能永远保持活力，努力工作，永远有新的成绩。一个有追求的人会不断唤醒自己的激情，并用自己的激情去影响四周的人。

一提起福特汽车，大家都会很熟悉，但是很少有人知道老亨利·福特创业的故事。

福特是美国密歇根州的一位农场主的儿子，他的父亲是爱尔兰移民，福特刚来到美国时不名一文，但到最后却成为福特汽车工业的创始人，大家也许会说他的经历是一个奇迹。但这奇迹的背后，却是福特的激情、坚守和努力。

当年年轻的亨利·福特跟随父亲来到底特律时，这儿的居民已经超过8万人，其产品的产量在当时美国的所有城市中位居第20位，可以说这个城市在当时已经初具规模。

福特刚刚踏上这片土地的那一刻，就已经被这个城市吸引了。于是他决定留在这个地方，告诉父亲说这里将是他实现抱负的地方，不想再跟随父亲回家了。

福特的第一份工作是在一家专门制造火车车厢的密歇根车厢公司做一名技工，这家公司拥有雇员两千多名，当时福特的日薪是1.1美元，不过这在当时已经是比较高的工资了。

但是他的这第一份工作却仅仅持续了六天。

原来，福特上班后，就一头扎在车间里，想兢兢业业地做好自己的工作。有一天，福特一个人用了一下午的时间修好了一台许多工人花了大量时间也没修好的机器，而且还对机器的传动装置进行了一个小小的革新，提高了机器的工作效率，福特为自己的成果感到有点得意，本以为会得到整个车间的工人的夸奖，可是却不曾想到整个车间的工人因为福特的成功而感到没面子。这些工人，包括车间的工头聚在一起，研究该怎么对付这个不知天高地厚的“毛孩子”。商量的结果是，车间的工人和工头一起鼓噪，尽各人的所能在工厂宣扬了许多不利于福特的言论，结果可想而知，福特不得不卷起铺盖卷离开了那家公司。

被辞退之后，福特并没有气馁。他几乎就是在从密歇根车厢公司出来的同时，就又在一家工厂找到了一份新的工作，福特在这里是负责在机床上加工一种机器的阀门。由于对新的工作不熟悉，得从头做起，因此这也算是福特的又一次学徒生涯的开始。因而福特对新的工作倾尽热情，非常努力地工作。也就是在这所工厂里，福特学会了如何看图纸，这是一项非常重要的工作技能。

由于福特是一名新进厂的工人，因此他的工资是很低的，每星期的工资只有2.5美元。当时福特的住处是租来的，每周的膳食费加上房租，他必须付给房东太太3.5美元。福特不得不想方设法去打零工挣钱以来平衡这个差额。他向房东太太提出负责保养和修理所有房间的煤气灯，这样一周或两周可以不定时地挣到两个美元。然后他又以每晚50美分的报酬到一家卖珠宝和钟表的商店负责修理和清洗钟表。

由于福特的出色表现，9个月之后，他的工资每周增加到了3美元，这与其他新进厂的工人相比已经很不错了，但是福特却不知道“珍惜”，他考虑再三，还是辞去了这份工作，因为他已经向往德莱·多克造船厂很久了。

经过努力，福特在其中的船坞蒸汽机厂找到了一份工作，这是他再一次学徒生涯的开始，他的周薪又回到了2.5美元，但是福特对这些已经不是很在乎，他工作的目标早已不是工资了。能够天天接触到各种型号的蒸汽机，才是他的最大快乐。上班的时候，他忙于摆弄各种各样的蒸汽机，工间休息时，当大家聚在一起聊天或者打麻将时，他却一个人坐在一旁翻阅各种关于动力机械的杂志。同时，在工作之余，他几乎走遍了底特律城的所有工厂，想找一个更适宜的环境，以便能在蒸汽动力机械等方面有所建树。福特当时的理想是自己当经理，能够开发生产自己设计的新产品。

就这样过了几年,他升任爱迪生公司在底特律分厂的机械工程师。作为一名新来的技师,这项工作对于福特来说是很辛苦的。福特的工作主要是在一个变电所负责各种机器的安装和检修,而且是夜班,也就是从下午6点到次日清晨6点,月薪45美元。这样的工作对一般人来说是很辛苦的,但是福特却不这样认为。由于他那种从小就培养起的对机器的近乎于狂热的爱好,所以这种四周摆满了机器,空气中弥漫着汽油味,发动机的声音震耳欲聋的环境对福特来说反而如鱼得水。

他的工作态度十分认真,对新技术的理解掌握和运用也能很快地把握,一年后,由于缺乏人手,福特就从变电所调到了爱迪生照明公司总厂。仅仅又过了几个月,他被提升为公司的副总机械师,月收入也升到了75美元,又过了几个月,亨利·福特成了底特律爱迪生照明公司的总机械师,月薪100美元,这在当时可是相当高的收入。

成为总机械师的福特,仍然一如既往地激情无限,勤奋工作。这时的福特,尽管经济上生活得比较自在,工作上比较顺利,但是,他从没有因此让自己对于汽车的激情消退,始终没有忘记自己曾经的愿望——有自己的汽车工厂,开发设计自己的产品。他经常翻阅《美国机械师》杂志,心中想的是如何实现从儿时就萦绕在自己脑海中的这个愿望。他先是在家里搞了一个工作室,在工作之余便与一些志同道合的伙伴研究汽车。

1896年,就在自己的工作室里边,他和伙计们设计并生产出了一辆能够运行的车,这给了福特以极大的鼓舞。就在1897年1月到1898年底的仅仅两年的时间里,福特就在那简陋的工棚里设计并制造出了两台汽车。这样的成就推动他继续在这条路上走下去。

1899年8月5日,底特律汽车公司成立,新公司的资本为15万美元,福特任公司的机械主管和总工程师,并在新成立的公司中持有相当的股份。

新公司成立时的声势很大，大批记者前来宣传采访，消息一下子传遍全市。但有句谚语叫做“树大招风”，爱迪生照明公司底特律分公司的总经理亚利山大在新公司成立后第十天，把福特找来，叫到自己的办公室，说道：“福特，报纸上的消息我看到了，祝贺你！不用我再多说什么，你的才能是有目共睹的，你是我们公司最有才能的人，我们大家都非常相信这一点。”福特刚想感谢总经理的夸赞，但是亚历山大很客气地把话题一转，“可是作为多年的朋友，作为你的上司，我不得不遗憾地指出，你现在所做的这一切是错误的。”

“为什么?”福特不解地问。

“因为你现在在外面所做的一切是没有意义的，汽油怎么能作为运输工具的动力源呢?”

福特刚想把自己的想法说出来，亚历山大摆手制止了他，说道：“我衷心地希望你把精力用在咱们公司的这些机器上，好好在电上动动脑筋，用你鼓捣车的那股劲头，看看能不能搞出点别的名堂来，别再去管外面的事情了，把那些不相干的事辞了吧!”

接着，亚历山大话锋一转，“年轻人，在公司里我又不大懂技术，总想物色一个合适的人选来担任公司的总管，到目前为止，我觉得你是最合适的。请你考虑一下我说的话，然后给我一个答复，好吗?”

“我已经考虑好了，先生!”福特坚决地回答。

“你同意了?”亚历山大有些惊讶。

“不，我决定辞职，辞职报告明天送来，非常感谢您这些年来对我的信任和照顾!”

福特义无反顾地离开了爱迪生照明公司之后，以无与伦比的激情开始了他的汽车创造之旅，并将这种创业的干劲和激情保持了一生。

最后的结果怎样？不用说了，大家都知道。老福特的梦想成真——他的汽车工厂终于建成了，而且成为了世界上著名的汽车制造厂。

一时的激情是没有多大的用处的，只有持久的激情才具有强大的生命力。像长途汽车需要不断地加油才能前进一样，激情也需要不断地加油才能永远保持。只有时时记得为激情加油，保持对工作的激情不变，才会使我们的工作更优秀，生活更精彩。那么，如何不断加油，如何保持激情呢？

(1)保持积极和乐观，时时振奋自己的内心

著名推销员弗兰克·贝特格在自传中，透露了他获得成功的一个秘密："二十年中，我几乎是每天早晨都默诵一首诗，这已成了我每日计划的一部分。这首诗总是如此令人振奋，我几百次地把它抄录在卡片上。"

这首小诗题为《胜利》，作者是赫伯特·卡夫曼。

你曾是一个自豪的人
一天你获得了极大的成功
你只想表现
你的所知
证明自己的能力
又过了很多年，你又有了什么新思想你又成就了什么伟业
又是十二个月的好时光
你将如何享用
机会、胆量
你是否又将错过
为什么没有机会
你缺乏的只是激情

内心的力量是非常强大的。只要每天都让自己的内心沉浸在这种激昂的情绪里，每时每刻都不忘记提醒自己，让激情在心中流淌，激情便永远不会消退。

(2)保持对工作和生活的新鲜感

保持对工作和生活的新鲜感是保持激情的有效方法。可是这谈何容易，不管什么工作都有从开始接触到全面熟悉的过程。要想保持对工作恒久的新鲜感，首先必须改变工作只是一种谋生手段的认识。把自己的事业、成功和目前的工作联系起来；其次，保持长久激情的秘诀，就是给自己不断树立新的目标，挖掘新鲜感，把曾经的梦想拣起来，找机会实现它；再次，审视自己的工作，看看有哪些事情一直拖着没有处理，然后把它做完……在你解决了一个又一个问题后，自然就产生了一些小小的成就感，这种新鲜的感觉就是让激情每天都陪伴自己的最佳良药。可见新鲜感来自你对工作和生活的细微发现。

一要突破现状。很多员工面对每天的工作，总是会渐渐形成一种习惯，从好的一方面来说，这表示对工作逐渐上手，越来越熟练了，碰到各种状况都知道应该如何去处理。但是从另一个角度来看，如果每天面对每一个状况，都是用同一种思考模式、同一种方式来处理，很可能就会成为整个团队往前迈进的障碍。所以，应该养成自我挑战的习惯，常常自我挑战，别人还没有要求你改变，你自己就已经在那里求新求变了。这不仅能有效地保持对工作的新鲜感，保持对工作的激情，对于创新和进步，也是非常有用的。

在充满竞争的职场里，在以成败论英雄的工作中，谁能自始至终陪伴你、鼓励你和帮助你呢？不是老板，不是同事，更不是下属，也不是朋友，他们都不能做到这一点。唯有你自己才能激励自己更好地迎接每一次挑战。工作时神情专注，走路时昂首挺胸，与人交谈时面带微笑……精神百倍地投入工作，才能千方百计地做好工作。每天精神饱满地去迎接工作的挑战，以最佳的精神状态去发挥自己才能，就能充分发掘自己的潜能。你的内心同时也会变化，变得越发有信心，别人也会越发认识你的价值。

二要敢于追求卓越。不论是工作还是生活，只有我们想尽一切办法去追求最美好和最优秀的，永远保持对生活和工作的高目标和新鲜感，我们才有可能摆脱工作和生活的单调枯燥，不至于陷入一天天重复的工作和生活中。

三要尝试与众不同。与众不同，即能独立思考与判断，不人云亦云，盲目追随流行，更不要哗众取宠。我们如果总是选择没有声音、没有意见，选择那些不问青红皂白、只站在人多或权力比较大的那一边，的确比较容易过日子，但是尽管短时间内会让你日子比较好过，却会让你在未来的日子里陷入更大的烦恼，让自己在一种无可奈何的困境中度日，激情从何而来？

四要坚持学习充电。不断学习新的知识是提升自己的能力和竞争力，让自己重拾信心和重燃热情的最重要的方法之一。所以，任何时候也不放弃学习，这是保持激情的最好方式。

五要热爱自己所做的事情。对自己所从事的事喜欢的是什么，尽快越过你不喜欢的部分，转到你喜欢的部分。然后做得很兴奋，告诉旁人这件事，让他们了解为什么你会如此感兴趣。只要你做出对工作感兴趣的样子，你就会真的开始对它感兴趣。这样做的另一项好处是可以减少疲劳、压力与忧虑。

(3)为自己树立新的目标

任何工作和生活在本质上都是同样的，都存在着周而复始的重复。如果是因为这永无休止的重复，而对眼前的工作失去耐心和兴趣的话，那么我要告诉你的是，如果你的态度不转变，不主动给自己树立新目标，即使那是一份让你称心的工作，即使那是令所有人艳羡的工作环境，也会因为一成不变而变得枯燥乏味，让你觉得不堪其累，而无从感受到半点快乐。

保持长久激情的秘诀，就是给自己不断树立新的目标，挖掘新鲜感。把曾经的梦想拣起来，找机会实现它，审视自己的工作，看看有哪些事情一直拖着没有处理，然后把它做完……在你解决了一个又一个问题之后，自然就形成了一些小小的成就感，这种新鲜的感觉就是让激情每天都陪伴自己的最佳良药。

王石，1951 年出生于广西，1968 年参军，1973 年转业后就职于郑州铁路水电段。1978 年毕业于兰州铁道学院给排水专

业，本科学历。毕业后，先后供职于广州铁路局、广东省外经贸委、深圳市特区发展公司。1984年组建万科前身深圳现代科教仪器展销中心，任总经理。1988年起任股份化改组之万科董事长兼总经理。1999年起不再兼任公司总经理，现任万科董事会主席。

在2010年的年末，正当万科笼罩在“千亿”光环的时刻里，王石却对外界宣布，未来三年他将逐渐淡出公众视野，并计划在2011年到哈佛大学做一年访问学者，而后再到欧洲游学。这是王石给自己六十岁定的计划，他选择成为学者。他说：“作为人生来讲，你一定不要自我满足，要保持好奇、激情，你才会找到新的坐标。”

与王石一样，另一位一生永葆激情不变的武侠大师金庸，选择在80岁高龄时到剑桥读博士，而且绝对不是混文凭，而是实实在在地像普通的学生那样经过考试后，在剑桥中规中矩地读完三年，修完所有的课程，并参加博士论文答辩。

作为一个功成名就且名满江湖的“大侠”，金庸不论是作为作家还是学者，都已有足够的资历和资本。许多学校都曾授予过他名誉博士学位，其中包括剑桥大学。但他读博士不为学位而是为学问，不为名利，只为梦想和激情。三年期满，金庸先生顺利地修完所有的课程，而且通过论文答辩，取得了货真价实的剑桥博士学位。

不论是王石还是金庸，不仅是他们这种孜孜求学的精神值得我们敬佩，他们这种永远的激情和保持激情不变的方式也是值得我们借鉴的。

工作需要激情才能做得快乐，做得长久。生活更需要激情的支撑才能让我们永远觉得乐趣无穷。有时候，不妨留点空间给自己去寻找工作外的成功。不妨把自己的爱好和业务活动当作本职工作一样认真对待，并同样引以为豪。像王石和金庸一样，从自己的爱好着手，做自己最喜欢做的事，就是保持激情的最好的办法。

(4)永远进取，让激情之火永不熄灭

其实激情消失很大程度上都来源于对现状的满足，这种满足才是阻挡激情迸发的障碍物。人生是一条奔腾不息的河流，永远不会停留在一个地方，也不会停留在某一个阶段，它需要不断地超越，不断地进步。超越，是升华，是突变，是人生不可缺少的阶段，也是激情最为炽热的一刹那。正是这种不断的超越，这种永恒的激情，才使人类从远古走到今天，从一无所知走到无所不知；也正是这种超越，使我们超越平凡，摆脱平庸，成就人生最壮丽的卓越和辉煌。所以，不管你在什么行业，有什么样的技能，也不管你目前的薪水有多丰厚、职位有多高以及收入有多少，有多么满足和幸福，你都应该告诉自己："要做进取者，我的幸福应在更高处。"这样的信念可以让你永远向着更高的目标前进，向前迈进的步伐更坚定更有力，也使你的生活和工作都更有激情更有动力。

那么，让激情之火在心中熊熊燃烧吧。它会让我们时刻充满了热情与力量，让工作快乐无比，让生命充满朝气，让生活绽放光彩，从此摆脱无聊和枯燥，远离乏味和单调，让我们收获一个瑰丽壮美的美妙人生。

第三章

把爱注入内心，一切因热爱而不同

生命的充盈和丰满在于爱，生活的快乐和幸福在于爱，工作的乐趣和成绩也在于爱。世间一切的美好，全都因为爱。爱是世间最明亮的色彩，爱是世间最伟大的力量，爱也是让生活美妙、让工作优秀的最大的源动力。只要把爱注入我们的内心，一切便会因为爱而不同！

1.

爱是世间最明亮的色彩

不论是工作还是生活，最离不开的，就是爱。

只有爱能让一切变得不同，使我们摆脱一切的烦恼和忧愁，让我们心甘情愿地倾注所有的一切，为了我们。爱是世间最明亮的色彩，在它的照耀下，我们才能真切地感受到生活的滋味，明白人生的乐趣，找到生命存在的价值和意义，并最终抵达真正的幸福！

自从两个月前父亲不幸身亡后，6岁的玛莎只有和母亲相依为命。明天就是圣诞节了，母亲掏出仅有的5美元递给玛莎，让她上街给自己买点礼物。

玛莎拿着钱找到了奥克多医生。她把5美元递给医生，小声请求道："奥克多先生，您能再帮我母亲做一次腰椎按摩吗？"奥克多轻轻摇了摇头，无奈道："玛莎，5美元不够的——最少也得50美元……"玛莎失望地走出了诊所。

大街的一角围了一些人，玛莎挤进去一看，是一个街头的轮盘赌。轮盘上依次刻着26个阿拉伯数字，每个数字对应一个英文字母。不管你押多少钱，也不管你押什么数字，只要轮盘转两圈后，指针能停在你的选择上，那么你都将获得10倍的回报。

轮盘赌的主人拉莫斯冲玛莎挥挥手，示意她让开。玛莎却没有退缩，她犹豫了一会儿，把手中的5美元放在了第12格上。

轮盘转两圈后，停在第12格，玛莎的5美元变成了50美元。轮盘再次旋转前，玛莎把50美元放在了第15格。玛莎又赢了，50美元变成了500美元。人们开始注意玛莎。

拉莫斯问："孩子，你还玩吗？"

玛莎把500美元放在第22格。结果，她拥有了5000美元。

拉莫斯声音颤抖："孩子，继续吗？"

玛莎镇定地把5000美元押在了第5格。所有的人都屏住了呼吸。

不到一分钟后，有人忍不住惊呼："上帝啊，她又赢了！"

拉莫斯快哭了："孩子，你……"

玛莎认真道："我不玩了，我要请奥克多先生为我妈妈按摩——我爱我的妈妈！"

玛莎走后，有人开始计算连续4次猜对的概率有多少。拉莫斯则像呆子似地凝视着自己的轮盘，突然，他痛哭道："我知道我输在哪里了，这孩子是用'爱'在跟我赌博啊！"人们这才注意到玛莎投注的"12、15、22、5"四个数字，对应的英文字母正是"L、O、V、E"！

许多时候，唯有"爱"永恒不败。

爱是人生最值得珍藏的东西。每个人都渴望得到爱，没有爱，人就无法生存。有一句名言说，爱是万能的。的确，拥有了爱，便拥有一切，爱让你的生活幸福快乐。

当我们怀抱爱并且充满爱，当我们心甘情愿地付出爱，当我们得到爱并感受到被爱的满足的时候，爱就成为了我们心中最明亮灿烂的光芒，一直照耀着我们，让我们受到最真切的温暖和幸福！

在这个几乎都是黑人的居住区，没有人不认识她。她是个白人女作家，不是和他们住在一起，而是住在前面三英里处。这儿有个偏僻小站，公交车每两小时才来一趟，而且这些公交车司机们都有一种默契，有白人才停车。这个女作家的住处前面也有一个车站，可是为了让这里的黑人顺利地坐上公交车，她每天坚持走三英里来这里上车，天天如此，风雨无阻。

一个没有太阳的冬日早晨，刺骨的寒气悄悄地渗进候车人的骨髓，等车的黑人们时而翘首远方，时而抬头望望阴霾的天空。车来了，一辆中巴正不紧不慢地开了过来。奇怪的是，人们仍站在原地，仍在翘首更远的地方，他们似乎并不急于上车，还在企盼着什么。原来，她还没有来。这时，远方隐隐约约出现了一个身影，人群骚动起来。是她！她走得很急，有时还小跑一阵。最后，黑人们几乎是拥抱着将女作家送上了车。

《圣经》中说："爱是恒久忍耐，又是恩慈。爱是不嫉妒，爱是不自夸，不张狂，不做害羞的事，不求自己的益处，不轻易发怒，不计算人的恶，不喜欢不义，只喜欢真理。凡事包容，凡事相信，凡事盼望，凡事忍耐。"哲人说："爱是宽容，是付出，是心甘情愿、无怨无悔地去做"。不论是对生活还是对工作，对人还是对事，只要我们都抱持一种爱的态度，都能沐浴上爱的光芒，我们的世界就会从此不同！

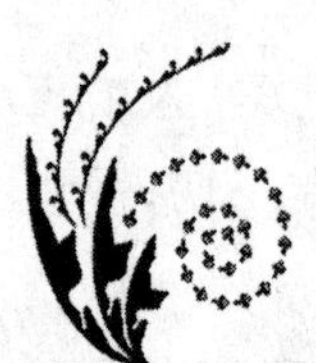

2. 因为有爱，一切都变得精彩

爱会改变一切。因为有爱，一切都会变得不同，一切都会更加精彩。也许有的员工不同意这样的说法，但这就是事实。生活会因为爱而更加温暖而幸福，工作更会因为有爱而更加优秀。

美国有一位社会学教授，带着他的学生到一个黑人贫民窟进行调查研究，其中一个研究主题，就是对该区200名黑人小孩的前途进行预测。

学生们都以十分认真的态度来研究这个主题，经过不断地调查和精密统计之后，报告终于完成了。但是，结果很让人沮丧，因为200名孩子几乎没有例外，一致被认定为“一无是处”和“无所作为”。过了40年后，当年提出这个研究的教授早已去世了，他的学生从档案里发现了当年的研究报告，在好奇心驱使下，他来到当年的调查地点，比较调查结果是否跟事实吻合。但是，他很惊讶地发现，当年接受调查的200名孩子中，除了20名已经离开这里，不知去向之外，其余180名孩子大都有相当的成就，他们之中不乏银行家、商人、律师和优秀的运动选手，而对于目前所拥有的一切，那些已经长大的孩子们都说，他们最感谢当地的一位小学老师。调查者找到了这位小学老师，并且询问她是用什么方法，让这些孩子都能获得成就。这位已经上了年纪的老师只是微微一笑，温柔地说：“因为我爱这些孩子。”

因为有爱，一切都变得大不一样！每个人都因爱而活着，被爱所滋润。正是因为爱，生活才因此而不同。

工作也是如此，因为对工作无尽的爱，才成就了无数优秀而卓越的员工，才使他们在平凡的岗位上取得了不平凡的成绩，使他们享受到工作的乐趣和可喜的成绩。

45岁的苏少明颀长而清瘦，温文尔雅又低调内敛，怎么看都跟想象中横刀立马、风风火火的警察形象大相径庭，可他的确是位从警22年的老警察——玉溪市公安局刑侦支队支队长苏少明。从一名刑事化验专家到刑科所所长，再到刑侦支队政委、支队长，他一路精彩，一路歌。而他之所以能在多个岗位上都如此出色，是因为从与警结缘那一天起，他就对警察这一职业充满了无限的热爱。

1986年，高中毕业的苏少明不顾父亲的反对报考了中国刑警学院刑事照相痕迹专业，他的想法很简单，“一是想子承父业当警察，二是喜欢照相”。可等拿到录取通知书才知道，他被调整到法化系刑事化验专业。那是一段痛并快乐着的时光，也是让他成为一名优秀的化验员的最重要的时光。

1990年，大学毕业的苏少明回到玉溪从事刑事化验工作，使他成为了全市闻名的刑事化验“狂人”，对于送来化验的每一份检材，他都有不达目的誓不罢休的执着与勇气。

1993年3月，玉溪发生一起特大麻醉抢劫案，涉案金额高达十余万元。办案民警送来一小瓶蓝色药粉要求检验，说是从犯罪嫌疑人身上搜到的。苏少明和同事用气质联用仪进行检测，可最后没能确定药物成分。苏少明没有放弃，在反复阅读药瓶上的残留标签，又查了许多资料后，他初步断定可能是三唑仑。为了慎重起见，他托人买来了药物样品，通过多方检测，最终确认是三唑仑，接着他又从受害者的血液、尿液和喝剩的饮料中检出了三唑仑成分，为案件侦破提供了科学证据，使犯罪嫌疑人认罪伏法。而在此之前，省公安刑事技术部门尚未有检出三唑仑的先例，苏少明靠他的学识和执着拿下了这个第一。

“严谨、踏实、执着，为刑事化验工作可以不顾一切。”这是同事对苏少明最为中肯的评价。工作至今，他平均每年加班五十多个工作日，勘验各类案件现场三百五十余次，参与检验鉴定刑事案件三千二百余起，无一差错，为侦查破案提供了大量线索，也为法庭诉讼提供了大量有力证据。此外，他还利用自己高超的技术水平先后为外地公安机关检验疑难案件检材两百余起。

2002年9月，在刑事化验工作岗位上默默工作12年之后，苏少明通过竞争以全局总分第一的优异成绩被任命为刑科所所长。2003年12月6日，元江县甘庄农场群众饮用散装酒后，出现头痛、眼花、呕吐等症状，到7日18时30分已有2人死亡，29

人入院。也就是在18时30分，苏少明接到命令，立即组织所有法医、痕迹及化验专业技术人员赶赴现场。到达甘庄农场后，他安排技术人员到中毒现场进行勘查，对死者尸体进行检验，自己到医院查看中毒者病历，询问中毒者症状，随后他初步判断是甲醇中毒。接着他抽取了13名入院者的血样备检，同时向指挥部建议安排专人到元江县两医院提取另外16名中毒者的血样送来检验，然后他又马不停蹄地赶到两死者家，指导法医提取尸体检材，尸体解剖结束后，他又带人到售酒的某酒厂批发部现场进行勘验取证。

接下来，苏少明与另两名化验员一起对222份血液样品进行了检验鉴定，饿了他们就打电话要个炒饭，累了他们就铺块旧窗帘布在地上一躺，煎熬5个昼夜之后，他们确定其中78人系甲醇中毒，并提示其中32名血中甲醇含量超过10毫克的病人处于危险中。指挥部接到化验报告后对应急预案进行了及时调整，将32名危重病人送上一级医疗机构治疗，劝说未检出甲醇的一百多名群众出院。平时不显山露水的刑科所在此次事件中大放异彩，为这起酒精中毒案立下了大功。

2008年5月，苏少明被破格提拔为市局刑侦支队政委，2011年5月转任刑侦支队支队长。之后他接连破获了元江“9·16”命案和澄江县妇女王某被人用螺纹钢筋打击头部致死案，再立大功。

他是个不折不扣的得奖专业户。他曾荣立个人二等功1次、三等功3次，获个人嘉奖7次，被评为市局优秀共产党员4次、优秀党务工作者1次、其他先进5次。1996年5月被公安部授予全国公安科技先进个人称号，3次被玉溪市人民政府确定为中青年学科技术带头人；2002年5月首批入选全国刑事技术青年人才库；2003年2月被评为云南省公安机关优秀人民警察；2005年8月被评为全国优秀人民警察；2007年4月被评为全国特级优秀人民警察。

从警22年，无论是在哪个工作岗位上，苏少明都能一路精彩，一路歌。这一切，都是因为热爱。

平日里温文尔雅的他爱工作，爱人民，也爱他的兵。对工作的热爱，让他无论在刑事技术岗位还是在刑侦管理岗位上都充满了热忱和执着；对人民的热爱，让他始终坚持有检验必完成，有命案必侦破的理念；而对兵的热爱则让他在任何危险的时候都身先士卒、率先垂范。正是因为他对警察这个工作的无限热爱，才使他在22年的从警生涯中，一路成绩，一路精彩！

因为有爱，一切才会变得精彩！不仅仅苏少明是如此，所有那些把工作做得优秀而卓越、精彩纷呈的人，都是源于对工作的无限热爱。因为一个人热爱自己的工作，才会专心于工作，才会孜孜不倦、无所保留地为工作倾尽一切！如果只是抱着混饭吃的态度对待工作，那么，再好的工作也会成为一种负担和痛苦，一种枯燥无味的苦役。而一旦爱成为最强大的工作武器，就再没有人能抵挡它的威力。

一天晚上，在纽约华尔街附近的一间餐馆，一位打工的中国MBA留学生和餐馆大厨在聊天。

留学生对餐馆大厨说："总有一天，我会打进华尔街，到跨国大公司，这样我就会出人头地，前途和钱途就都有保障了。上帝保佑，到我毕业时，经济不要像现在这样低迷。"

餐馆大厨笑道："要是经济继续低迷，我餐馆歇业，我也就只好回到华尔街，去当银行家了。"

留学生吓了一跳，眼前这位岂能跟银行家画上等号？

大厨笑道："我以前就在华尔街的银行上班，每天都是午夜才下班回家，我早就厌烦了这种劳苦的生活。我年轻的时候就喜欢烹饪，看着亲友们津津有味地赞叹我的厨艺，我便乐得心花怒放。有一次午夜两点钟，我才结束了公务，在办公室里咀嚼着令人厌恶的汉堡包，终于下定决心辞职去当一名专业美食家，这样不仅可以满足自己挑剔的肠胃，还有机会为众人奉献厨艺。从那时起到现在，我一直活得很快乐。所以，我最大的期望就是，经济不要再低迷，不要让我再回到华尔街去。”

“那你可以自己开一间餐馆，何必做大厨这个苦差呢?”年轻的留学生还是不解地问。

“呵呵，这就是我的餐馆，我最快乐最享受的就是做大厨呀！你没觉得我做的东西很好吃吗?”

“是的，确实很好吃。”留学生由衷地说。

大厨的脸因这一句赞扬而笑成了一朵花。

一切因为爱而不同，一切因为爱而精彩。不论是工作还是生活，只要有爱，就会变得精彩！

有很多的员工总会觉得工作不够理想，不值得自己为之付出爱，因而面对工作，他们总会有一些不如意和牢骚抱怨，并消极地对待工作，这样的态度其实是最不能有的。因为对工作缺乏爱，只会让你感到工作枯燥，无聊，没有半分乐趣。你的能力无法最大限度发挥，潜能也无法最大限度地开掘，工作又怎么能做得优秀，又怎么能取得成绩呢？久而久之，不论你曾经多么有能力，有多么远大的目标，最终也还是会不可避免地陷入平庸的泥淖里，永远难以有所成绩。

所以，付出你的爱吧，只有爱，才能让一切变得不同，一切变得更精彩！

3.

爱生活，生活从此多姿多彩

关于爱，每一个人都有不同的理解和感悟。因为每一个人有各自不同的工作，不同的经历，不同的生活环境，不同的梦想和追求，因而他们对于生活的感悟不同。但是，只要有爱，不管是什么样的生活，都会有一样的精彩。也正是因为有爱，我们才能将生活锻造得如此迷人，将生活过得如此温暖而踏实。

冬日的阳光从窗外照射进来，暖暖地铺满地面。七旬老人坐在床上，一边扶着花镜，一边认真地看着手里的报纸，偶尔还会像小孩子献宝一样，将新学会的字指给身旁的女孩看。老人念得很慢，每一个字都托着长长的尾音。女孩很有耐心，老人念对一个字，她就夸张地点一下头，给老人鼓励。老人不比小孩子，上了年纪，反应就会慢很多，有时一个字要想好几分钟，女孩也不急着告诉她，而是和老人一起回忆，一点一点地提示。终于，老人读完了一个完整的句子，女孩高兴地拍起了手，把老人哄得像是考了满分的孩子。这是生活中最平常的一幕，两代人跨越了时间的鸿沟，相依相偎；这是世间最平凡的"孝"，印证了中华五千年最美的品格，可赞可颂。然而故事的主人公诠释的却不仅仅是孝，还有爱，她们并非血亲。

这个女孩名叫杨坤，来自东北石油大学人文科学学院。老人叫单玉凤，杨坤亲切地称她为姥姥。八年前，杨坤的太姥住进了安康养老院。在父母的带领下，杨坤每周都会去看望太姥，同时也认识了养老院里的许多老年人。这使她从小就有尊敬老人、孝顺老人的意识。她说老人就是老人，无论有没有血缘关系都应该善待。

单玉凤老人与杨坤的太姥同住一间屋子。老人儿女都在外地，虽然逢年过节会回来看她，但平日里却无法在身边照料，这使老人或多或少有些失落。也许是小杨坤的纯真打动了老人，渐渐地两人间的感情就像阳光一样，洒进了彼此的心中。老人的生活有了盼头，盼着周末能看见有着花一样笑容的小杨坤。洗头、洗脚、剪指甲，当这些连儿女都无法顾及的细节被杨坤照顾得无微不至时，老人觉得杨坤和她自己养育的儿女再无区别。

又是一个周末，杨坤先给老人读报纸，然后和老人聊天，杨坤给老人讲学校的逸闻趣事，老人也给杨坤讲那些“我们当年啊……”，这样的聊天总是轻松而温馨。然后杨坤帮老人洗头，老人的头发又稀又短，那些都是岁月留下的痕迹，杨坤用指尖轻轻地梳理，老人微微地闭上双眼享受着，笑意在不经意间爬上了她的嘴角。老人的双腿因静脉曲张而浮肿，那是年轻时干重活落下的病，所以泡脚也成了杨坤每次去的必要任务。杨坤总是小心地揉捏着，粗糙的皮肤让她心疼，抬头看见老人脸上的笑意，她仿佛看见了老人年轻时乐观坚强的样子。

无形的爱像一缕轻烟萦绕在两人身边，摸不到，却感觉得到，淡淡的，暖暖的。有这个比亲孙女还亲的孩子在身边，老人觉得生活越是平淡，亲情才越有味道。

如此简单的事或许很多人都没有为自己的亲人做过，可杨坤却坚持了八年之久。八年，懵懂的少女渐渐成熟，她们在不知不觉中站成了相互依偎的姿势，生命里早已沉淀下彼此的影子，没有血缘又怎样，八年，有爱随行的日子同样精彩。

2007年，太姥去世，然而每周去一次养老院已经成为了杨坤生活的组成部分，她与单玉凤老人的联系一直保持着。有时学习比较紧张，她们就用电话联系。老人从不主动给杨坤打，她知道周末杨坤一定会打给她的，这已经成了她们之间的一种默契。

老人年轻时读书不多，老来清闲便又燃起了对学习的热情，一开始杨坤给老人带些绕口令的书，后来又带了《百家姓》《三字经》《弟子规》等。老人只有录放机，无法使用书中带的盘，杨坤就把盘录成磁带给老人带去。

为了充实老人的日常生活，杨坤鼓励她学习制作丝网花，还陪她去龙凤湿地看荷花，每一盆花的完成都带给老人莫大的成就感。现在老人的房间里摆满了自己做的花，她还经常邀请人来欣赏她的作品。

在物质上，老人什么都不缺，缺的只是一份依靠。当日子变得极其简单时，生活的乐趣就变成了心灵上的慰藉了。八年来，老人活得快乐，因为杨坤把自己的快乐与她共享；八年来，老人活得满足，因为生命的尾声有人陪她一起歌唱；八年，老人活得精彩，因为每一天都有爱随行。

真正的情感不是凭空产生的，它是人们在付出无限的爱之后自然而然结出的果。因为有爱，我们不仅使他人的生活更有意义，也让我们自己的生活更加充实和饱满。当你为爱情付出很多时，即使你想不爱你的恋人，也是欲罢不能。当我们为朋友和同事付出很多时，就会发现我们像两棵树，枝丫向彼此越长越近，直到交缠到一起，那种付出是可以相互感染的，最后变成一种互动，一种互促互进的真性情。当我们为专业和工作付出很多时，我们没法不爱它，爱它，就会为它付出更多，付出得越多我们提高越快、进步越大，工作也就会更加优秀，更有成绩，生活也变得充实和有趣。

对生活的热爱是让生活精彩的唯一秘诀。如果我们学会把过上精彩的生活作为自己的追求目标，那么，我们就会有了追求的欲望，我们就会对生活倾注所有的热情，把精力投入到工作和生活之中去。工作是为了更好地生活，因而我们会努力工作，在工作中寻找乐趣，让单调乏味的工作充满生趣，使自己无忧无虑，身心健康，生活安逸，快快乐乐过好每一天。如果没有目标，就没有斗志和信心，也就没有毅力，遇到任何哪怕微小的困难也会止步不前，放弃一切的追求，让自己沉沦，并最终落入平庸之中。因此，为了使自己的生活更精彩更幸福，我们必须树立人生的奋斗目标，尽自己最大的努力去实现这个目标。

第一，要有正确的人生观念。人生的幸福和生活的精彩，其实绝不仅仅只是物质的享受，而是追求自己喜欢的生活，高尚而有意义的生活。

第二，不要过分苛求，应该把奋斗目标定在自己能力所及的范围之内，尽量使自己有圆满完成目标的可能。这样，你的心情就会十分愉悦。要多学习一些生活技艺，拓展快乐载体。快乐需要载体，更要体现过程，因此，生活的快乐，要洋洋洒洒地相伴在生活的具体细节中。生活的技艺越多，承载的快乐就越多。如精通琴棋书画、诗词歌赋，你就会在烟波浩渺、底蕴无限的文化海洋中徜徉游弋，享受知识的洗礼，穷尽文化的滋润；懂得烹炸蒸炒手艺，你也会在服务他人的快乐中，享受锅碗盆交响乐的美妙；热衷玩篮球、排球、足球等，在增强了体质的同时，一定会把你的快乐飘洒在运动过的时空……

人不可能时时快乐而没有烦恼，关键在于调节得当并掌控得好。要把好总闸，以快乐的观点看世界，培养阳光心态，始终坚持从积极的角度去观察问题、认识问题；要放大、延续快乐，要舍得与人共享，会保持快乐的心情；要缩短不快，通过宣泄、倾诉、转移和运动等方法，尽快让不快退出心境，充实良好情绪；要坚信“太阳每天都是新的”，每天都有新的希望，每天都是新的起点，这样就能让自己的生活精彩无限，快乐常在。

第三，学会自我调控情绪，排除不良情绪，让自己在愉快的环境中度过每一天。积极向上的情绪状态，使人心情开朗，轻松稳定，精力充沛，对生活充满热情与信心。因此生活中应避免不良情绪的发展，遇到不好的事，要换个方法变个方式思考，你将大有收获，或向朋友、亲人倾诉，以疏散郁闷情绪。自我放松，多参加休闲运动。积极参加集体活动，搞好人际关系，你会发觉你的每一天都是快乐的。对世俗复杂环境能避开的就避开，不要轻信别人的胡言乱语，人要有自己的主见。你要有坚定的信念，只有自己当机立断，远离小人，你的事业才会成功。

第四,要相信自己的能力,一定能将工作做得更好。乐观是心胸豁达的表现，乐观是生理健康的目的,乐观是人际交往的基础,乐观是工作顺利的保证,乐观是避免挫折的法宝。当你的人生目标已经实现时,你就能寻找自己的异性朋友。请你这样设想:当风铃的浪漫,往往勾起人们对美好生活的向往;当驼铃的深沉,往往激起人们对锦绣前程的憧憬;当手机的铃声响起,让你知道有人在天天关心你,你的每一天都是这样开心,这样愉快！人的乐观心态,将使你心理年龄永远年轻。当你朝着奋斗的目标迈进时,都会增加你的愉悦与自信。你就会自然形成乐观的心态,快乐将永远与你相伴！相信你在实现人生目标的同时也获得了梦寐以求的人生伴侣,祝你生活美满幸福。在与人交往时,将你的心窗打开,不要吝啬心中的爱,因为只有爱人者才会被爱,这样你会获得许多关于爱的美好体验。当你陷入困境时,你会得到许多充满爱心的关怀和帮助。学会爱吧,爱生活,爱他人。用真诚换取真诚,用笑容换取笑容,在温暖明亮的关爱中学会善待生命,善待他人,你就能在心理上获得最大的快乐,你将拥有快乐的每一天！相信你能把握自己快乐而幸福的人生,实现梦寐以求的奋斗目标。你会感觉生活原来如此美好,也可以过得非常精彩！

4. 工作没有好与坏,只有热爱与不热爱

生活因为热爱而精彩,工作也会因为热爱而优秀。其实不管你做什么样的工作,是身居高位还是扎根基层,是好工作还是不好的工作,是喜欢的还是不喜欢的,都没有关系,只要你具有发自内心深处的对于工作的热爱,你一样可以把工作做到最优秀、最圆满和最有成绩。

没有爱，再美好的工作也会成为心灵的苦役，因为有了爱，再平凡普通的工作也会给我们带来意想不到的乐趣。

有一天我去一个小花店买花，卖花的女孩听我报出几样花名之后，就转身到储藏室去了，接着传来一阵呢喃细语。

我想，她和谁说话呢？

忍不住好奇心，我敲着门问她道："你和谁讲话？"

她转过头浅浅地笑了，说："我在和我的花讲话呀。"

我万分诧异："在和你的花讲话？"

她一双纤纤素手麻利地忙碌着："我跟我的花随便聊几句，告诉这一枝说：'你开得这么好，这么艳，我也留不住你了。'再告诉那一枝说：'你急什么嘛，小骨朵儿抱得那么紧，再过两天送你出门也不迟。'"我听得呆了。告别了女孩，一路心情灿烂，不由得想起另一个暖人的故事。

跑郊区线路的公交司机，每天都十分快乐地在那条尘土飞扬的道路上开着车。女售票员逗他道："谁比得上你，天天来赴约会！"他幸福地笑着说："妒忌了不是？"

乘客都猜，怎么，这小伙儿在乡野还有个痴心恋人？

车继续颠簸着往前开。在一个小村前，女售票员兴奋地指着前面的一个水塘：在呢！还不快！司机按响了喇叭，三声短一声长，像某种"暗号"。

乘客引颈观瞧——老天，竟然是一群白鹅！听到喇叭声顿时张开双翅争先恐后地往汽车开来的方向跑，边跑边嘎嘎地欢叫着，犹如一群终于盼来了情人的姑娘。

工作没有好与坏，只有热爱与不热爱！热爱我们的工作，就像与工作谈恋爱一般，难舍难分。

什么才是真正地热爱？最好的诠释就是热爱它令人痛苦的一面。每个人都可以轻易地爱上一样东西，不过大多数都只是爱上了它光鲜亮丽的一面。比如对于舞蹈的热爱，大多数人只是爱上了在聚光灯下，万众瞩目的一刻。然而一旦面对枯燥单调的练习，频繁的受伤，激烈、残酷的竞争……很多人就会选择退出。只有那些真正爱到骨髓的人会连同爱着这痛苦的经历，因为这也是作为舞者身份的特殊证明。真正的热爱，就是不管工作好的一面还是不好的一面，都乐于接受，并且倾注以同样的热情。

一个员工是否喜爱自己的职业，他就会表现出自觉自愿、积极主动、认真负责和专注谨慎。那些充满乐观精神、积极上进的员工，做什么事都干劲十足，神情专注，心情愉快，为自己创造机会，把握机会，一心想把任务完成得更加完美，这正是因为他们对工作的热爱。热爱自己的工作与不热爱自己的工作，在工作中会表现出巨大的差别。那些对工作十分热爱的员工，能以积极的心态对待工作，总是试图寻找工作中好的东西。当工作中出现不好的情况时，就会首先找出问题，然后来考虑改进。而那些对工作不热爱的人总是抱怨各种事情，甚至对与工作不相干的事情也加以抱怨。久而久之，这些人的心态变得消极，对待工作敷衍了事，当一天和尚，撞一天钟。更有甚者，“当了和尚，一天也不撞钟”或者“撞了一天钟，可是没把钟撞好”。我们希望的员工应当是“当一天和尚，撞好一天钟”，把撞好钟当成自己的事业和追求。

被誉为新时期产业工人杰出代表的许振超的成长经历也许能给我们以启迪。原青岛港桥吊装队队长许振超，是“文革”时期毕业的“老三届”。这个层次的群体受教育少，年龄偏大，相当一部分人成为下岗再就业的“特困户”。但许振超不但没有下岗，而且成为世界一流的“技术专家”，并光荣当选为全国人大代表和全国劳动模范。

没有不被热爱的工作，只有不热爱工作的人。任何职业、任何岗位都可以让人产生满足感和快乐感，只要你对它倾注你的爱。

比尔·盖茨有句名言：“每天早晨醒来，一想到所从事的工作和所开发的技术将会给人类生活带来的巨大影响和变化，我就会无比兴奋和激动。”

比尔·盖茨之所以会兴奋和激动，正是因为对这份工作发自内心的热爱。在他看来，一个优秀的员工，最重要的素质是对工作的热情，而不是能力、责任及其他（虽然它们也不可或缺）。他的这种理念已成为微软文化的核心，像基石一样让微软王国在IT世界傲视群雄。

有一次，美国一位部长问比尔·盖茨：“我在微软参观时，看到每一个员工都非常努力，非常快乐。你们是如何创造这样的企业文化的？”比尔·盖茨回答：“我们雇佣员工的前提是，热爱软件开发这个职业。因为热爱，他们就能从中感受到巨大的快乐，并创造出令人吃惊的奇迹。”

不仅仅是微软公司需要对工作充满热爱的员工，很多公司都把是否热爱这个工作作为招聘员工的最重要的前提和基础。因为大家都知道，成绩只会从热爱处得来，热爱才是工作成绩的源头。一个不热爱工作的人是不会对工作充满激情的；一个对工作缺少激情的员工，也是不可能把工作做好的。

两千多年前的孔圣人就说过：“知之者不如好之者，好之者不如乐之者。”意思是“对于任何事情了解它的人不如喜爱它的人，喜爱它的人不如以它为乐的人”。可见要做好一件工作，只有从心底深处热爱它，才能真正做出成绩，做得出色。

高尔基说：“天才就其本质而论只不过是对事业、对工作过程的热爱而已。”人的一生中有三分之一的时间都是在工作中度过，如果我们能选择我们所热爱的工作，并坚定地爱我们所选择的，那么我们的生活会多一些激情、精彩和绚烂，少一些抱怨、后悔和遗憾。

纪伯伦说：“倘若你无精打采地烤着面包，你烤出的面包就是苦的；倘若你怨恨地酿着葡萄酒，你的怨恨就在酒里滴了毒液……”工作之所以会优秀，只源于我们对它的无尽的热爱。这份发自内心的热爱，正是创造工作奇迹的源头！

5.

干一行爱一行，快乐就在其中

俗话说，干一行就要爱一行，也就是提倡一种乐业的精神。所谓乐业，就是打心眼里热爱自己的职业，或者说对自己的工作充满爱。爱是事业的灵魂，事业好比花的幼芽，只有用爱心的阳光去照耀，才能开出绚丽多彩的花朵。

有些员工会说，我对这个工作实在爱不起来，因为我根本不喜欢这样的工作。我要跳槽，我要去寻找一份我喜欢的工作，只有这样才能找到快乐。

或许这样来想也没有什么不对。但是，还有一句话也许我们也应当记住：世界上没有不值得爱的工作，只有不会爱工作的人！任何工作都值得热爱，任何工作都有无尽的乐趣，只不过需要我们去发现。当我们找到工作中的乐趣时，再平凡的岗位，也能创造出奇迹。

小刘到部队后没想到竟然是做一名炊事员。说实话这个工作，让很多人不以为然，觉得实在是上不了什么台面。即便是个厨师，也还能从自己的工作中得到很好的经验和乐趣——至少你做的菜会有人欣赏。炊事员做好做坏，又有多大的分别呢？

小刘也不能免俗，当炊事员，实在不是他所愿意的。但既然已经这样分配好了，他只能听命。然而不久之后，他就爱上了这份工作，因为他从中感受到了无尽的乐趣。不说千差万别的食品制作方法，也不谈十大菜系的烹调艺术，只拿菜刀的刀功刀法来讲，就是一门很深的学问，有切、片、劈、剁、割、削、刻、刮、剞、钎、旋、拍、挖、挺等若干种。其中在切法上又有直切、推切、拉切、锯切、铡切、滚切等若干切法，运用这些刀法才能将各种不同的原料切成片、条、块、丁、球、丸、丝、茸、粒、末等不同的形状和花样。这平平常常的菜刀有多深的学问啊！小刘沉浸在这无尽的研究和练习中，乐此不疲。最终，他竟然在全国厨师大赛中获得了二等奖，这令很多大饭店的厨师们都大跌眼镜——要知道这可是全国性的竞争，很多名气很响的厨师都被淘汰了，一个小小的连队炊事员居然能拿上这个奖，实在有些匪夷所思。然而小刘仅仅凭着自己对这一行的无限热爱和潜心的研习，就完成了这个“不可能的任务”！

可见，干一行就爱一行，只要发现工作中的乐趣，一样可以把工作做出可喜的成绩，让工作变得精彩起来。

当然，不可能每一个人都能像小刘这样，干一行就马上爱上这一行，而且还能潜心研究，做出重大的成绩来。有的员工可能会觉得自己的工作实在乏善可陈，没有去爱它的理由。但其实，如果你改变一种心境，也一样可以找到工作中的乐趣，使自己爱上工作。

在一个春光明媚的早晨，一只漂亮的鸟儿站在随风摆动的树枝上放声歌唱，树林里到处回荡着它甜美的歌声。

一只田鼠正在树底下的草皮里掘洞，它把鼻子从草皮下伸出来，大声喊道：“鸟儿，闭上你的嘴，为什么要发出这种可怕的声音？”

歌唱的鸟儿回答说：“哦，田鼠先生，我总是忍不住要歌唱。你看，空气是多么新鲜，春天是多么美好，树叶是多么可爱，阳光是多么灿烂，世界是多么可爱，我的心中充满了甜蜜的歌儿，我无法不歌唱。”

“是吗?”田鼠睁大眼睛，不解地问道：“这个世界美丽可爱吗？这根本不可能，你完全是胡扯！世界上的任何事情都是毫无意义的，我已经在这儿生活了这么多年，我了解得很清楚。我曾经从各个方向挖掘，我不停地挖啊挖啊，但是，我可以告诉你，我只发现了两样东西，那就是草根和蚯蚓。再没有发现过其他东西，真的，没有任何可爱的东西。”

快活的鸟儿反驳说：“田鼠先生，你自己上来看看吧。从草皮底下爬上来，到阳光中来吧。你上来看看太阳，看看森林，看看这美丽可爱的世界，呼吸一下新鲜空气。这样，你也会忍不住感动得流泪。上来吧，让我们一起放声歌唱！”

只是眼光投射的方向不同，就有如此大的差异。所以，一定要学会去寻找乐趣，去发现工作背后隐藏的快乐，才能让自己真正爱上自己的工作，并做出优秀的成绩。

6. 像热爱生命一样热爱工作

西方有一位哲人说过：“如果你视工作为一种乐趣，热爱你的工作，那么人生就是天堂；但如果你视工作为一种义务，厌恶你的工作，那么人生就只能是地狱。”天堂与地狱只有一念之隔。我们只有热爱工作，视工作为自己的生命一般去珍惜，去热爱，才能做好工作，并取得优异的成绩。

汤姆坐在他的办公桌旁，他是一家大公司的业务主管。

他的办公桌上满是签条、商业信函和契约等文件，他的电话机上那两个信号灯一明一灭不停地闪烁着，显示有人等着要和他通话。他正在跟两个人商谈，还有两个人坐在那儿抽着烟，恭候着他。他看了看他的约会登记簿，记下他要参加另一个重要会议，与该公司的董事长共进午餐，同时还得花上几个钟头的时间进行一个预定的计划，此外，他还得口授几封信，并且……

这样大的工作压力，要是落在一般的员工身上，也许会被压得喘不过气来。但是汤姆却乐此不疲，因为他热爱他的工作，并且从中体会到一种忙碌的快感，体会到了工作的责任和自己的价值。

他热诚地转向他的来宾，凝神地聆听他们的陈述，尽其所能地回应他们的需求。他拿起电话，立即作答，然后又回过头来面向他的来宾。他告诉他们，他对所谈的事将采取怎样的行动，他对通话机口授一封信，然后回过头来问他的来宾对他的决定是否满意。当对方表示满意并告辞时，汤姆把他们送到门口，与他们热烈握手道别。一切如意并愉快地以一种简捷有效的方式向目标前进。

汤姆之所以能井井有条而高效地完成每一件工作，就是因为他对他的工作有着百分之百的热情，做到了百分之百的热爱。

对工作的无限热爱，才能激发我们对工作的最大兴趣，才能引导我们努力工作，把一切都做得井井有条，成绩斐然。这正是我们一直提倡的敬业精神。

敬业，就是对工作的热爱，就是对职业的勤奋，就是对事业的执着。从世俗的角度来讲，敬业就是将工作当成自己的事业，并为此付出全身心的努力，这才是热爱的真谛。

热爱工作，等同于热爱自己的生命，这是人类最伟大的情操之一。一个人的工作态度折射出他的人生态度，而人生态度决定一个人一生的成就。工作，就是你的生命的投影，它的美与丑、可爱与可憎，全在于你是否热爱你的工作。对工作投入的热情越多，越热爱你的工作，工作效率就越高。热爱工作，才能把工作当成一门学问去研究，当成事业奋斗的理想目标，并努力向上攀登，并最终登上人生的峰顶。所以，要想获得成功，首先我们就应该像热爱生命一样来热爱自己的工作，通过工作来获取经验、知识和信心，证明自己的价值，获取属于自己的财富。

7. 因为有爱，一切都变得不同

我们时常听到抑或自己说到工作的沉重、繁琐、辛苦、沉闷和枯燥单调，抱怨薪水的微薄，埋怨领导的不赏识，甚至感慨生不逢时，终日愁苦不堪。我们期待实现自我价值，却总是感叹自己不曾找到合适的契机。可是，当牛顿的那只苹果真的砸到你的头上时，你保证你能顿悟地球的引力吗？我们常常感慨微软帝国的强大与比尔·盖茨的富有，但即便视窗系统到现在都还没有开发，你觉得你会是另一个比尔吗？

恐怕不能！

为什么？因为你没有像牛顿那样为了这件看似平常不过的事情耗费那么多的精力和热情；因为你没有比尔·盖茨那样为了开发出软件宁愿舍弃其他的一切！也就是说，你没有他们那样，对工作抱有一种真正的发自内心的心甘情愿的爱！

是的，是爱。一切因爱而不同，一切因爱而改变！正是这种对工作和生活深入骨髓的爱，才成就了无数成功者的奇迹！

2010年3月，虽然最终与澳网公开赛冠军擦肩而过，但李娜还是让中国网球飞了起来。这朵昔日的网坛金花，因澳网公开赛一战，成为亚洲打入大满贯女单决赛的第一人。2011 年，终于法网夺冠。但李娜的成功却来得着实不易！

1982 年 2 月 26 日，李娜出生于湖北武汉的一个普通家庭，5 岁半时，当体育老师的爷爷就把孙女送到新华路体育中心少儿体校去学打羽毛球。练了 2 年多，教练林书惠觉得李娜反应灵敏，移动迅速，但不是打羽毛球的料，“为什么她不晓得用手腕发力，总是用个膀子死打？干脆练网球算了！”

哪知一语成谶。一天，网球教练夏溪瑶路过羽毛球场，看到场上练得热闹，就跟林书惠打招呼：“有没有好的苗子给推荐几个？”林书惠喊来两个小姑娘，夏溪瑶把她们引到一边测试了一下，然后拍着李娜的肩膀，让她和几个大孩子赛跑，跑赢了才能进网球队，结果好胜的李娜真的赢了。

在那个乒乓球和排球风靡的年代，李娜父母听说女儿改练网球了，他们第一个反应是“什么是网球”？虽然这项起源于英国的“贵族运动”早在 19 世纪中叶就随外国传教士和商人传入国内，但真正在国内兴起也只是最近 10 年的事。当时李娜家里“收入很少，条件不怎么好”，但父母还是把 8 岁的女儿送到夏溪瑶教练手里，上午读书下午训练，晚上就住体校。

业余体校条件很差，就连洗澡水都是食堂蒸饭剩下的陈水。她回忆说，“宿舍里就两个破吊扇，夏天闷在蚊帐里睡觉热得很。冬天更难受，5 点半食堂开饭，训练到一半，我就得一手拿饭盒一手提开水瓶，飞奔到食堂；因为天黑得早，而训练场没有灯，为赶在天黑前尽量多练会儿，饭打回来得先捂在被子里保温，等天黑透了才能吃上……”

刚开始因为年纪小，李娜总打不过比她大的孩子，每次输了球就坐在场边哭。严厉的夏教练就会吼她：“光哭有什么用，有志气就打赢她们！”倔强的李娜把教练的话听进去了，带着一股子狠劲，咬牙猛练，很快就“打赢了队里的其他孩子”。

夏溪瑶全心培养李娜，除了看中她的资质，还有一个原因：1992年8月31日，躺在医院病床上的李娜父亲郑重交给夏教练一份“委托书”，说自己身体不好，请她一定把李娜当亲女儿培养。正是这份重托，让夏教练坚定了要使李娜成才的决心。

1996年，李娜父亲因病去世，家里的担子全部落在了母亲李艳萍的肩上。这个时候，李娜正好被选入湖北省网球运动队。14岁的姑娘似乎在一夜间成熟起来，她加倍刻苦地训练，还把每月拿到的工资和奖金一分不少地交给母亲，叮嘱她别不舍得花钱。次年，李娜拿下了全国网球总决赛的冠军。她说，从母亲身上学到努力做好每件事的道理。

获得冠军后，李娜被耐克公司选中到美国得克萨斯州约翰·纽康比训练场接受7个月的专职训练。李娜很珍惜这次机会，以向妈妈按时写信汇报训练进程的方式，督促自己刻苦练球。17岁时，她已经获得国际比赛青少年组的头奖。

1999年，李娜走上了职业网球手的道路，并很快创出佳绩：2000年与李婷搭档夺得国际女子职业网联巡回赛女双冠军；2001年在世界大学生运动会上，囊括女单、女双和混双三项冠军……

2001年，李娜的排名仅列全球第303名，必须在资格赛中突破重围才能赢取进入巡回赛的资格。2002年，她与认识了8年的队友、同为网坛健将的姜山恋爱，遭到国家网球队反对。同年，在釜山亚运会前，她突然以身体原因宣布退出国家队，进入华中科技大学就读，并与姜山确立了情侣关系。母亲后来回忆说，其实女儿退役的真实想法是：“她总感觉像是在为别人打球，而且永远只能打一些低级别的ITF(国际网球联合会)赛事，看不到希望，甚至一度不想再动球拍了。”

这一离开，就是两年。2004年，中国网球选手李婷、孙甜甜在奥运会夺冠，网球运动在中国得到空前重视。时值全运会召开，体育总局新任网管中心主任孙晋芳特意到武汉劝说李娜复出，承诺会为她提供更多的训练比赛经费，这让李娜觉得看到了光明。

复出前，进行恢复性训练的李娜也犹豫过，毕竟两年没打球，怕打不好。母亲劝她，打不好最多再回学校读书嘛。

就这样，2004 年 5 月下旬，李娜重返赛场，并且一出赛就在北京国际女子网球卫星赛夺得女子单打冠军。接着，她在一系列比赛中连连斩落众多国内外好手，在短时间内就一举夺得了 4 项国际挑战赛(北京、通辽、乌兰浩特以及北京卫星赛)女子单打冠军。同年 10 月 3 日，她在广州首获国际女子网球公开赛 WTA 冠军，开创中国网球新的历史。

身边的人发现，经过两年沉默，李娜不论在心理还是思想上都有了质的变化。她对网球的态度以及求胜的欲望比以往更加积极，即便她偶尔还会冷若冰霜，还会语出惊人。

“其实训练就跟播种一样，当我打比赛赢球的时候，就是一种收获，丰收一样的感觉。但是必须要明确自己改进以后的目标，每次打球之前我都会想清楚，今天的训练计划是什么，训练课完成的目的是什么。”

2011 年的澳网赛事结束后，央视主持人问她：“是怎样一种坚定的信念，让你觉得复出后就能达到一流的水准?”李娜回答说：“其实刚开始的时候也没想太多，因为有全运会，我们队没有球员了，到大学里面来找我。我想应该是我回报他们的时候。后来我慢慢地，真的是觉得，特别热爱这个项目，虽然有时候心里不愿意承认，但心里头真是太热爱这生活，太爱这大家庭了，所以一直坚强地走下去。”

2009 年，李娜与其他三位顶尖网球选手郑洁、彭帅、晏紫正式脱离国家队，开始走上自负盈亏的职业化道路。

李娜聘请了瑞典籍前国家网球队教练托马斯·霍格斯太(Thomas Hogstedt)作为自己的技术教练，其团队也从原来的夫妻拍档变成了由姜山、托马斯和康复教练阿历克斯组成的“三驾马车”。

同年的美国网球公开赛中，李娜于16强战胜意大利的斯齐亚沃尼，晋身8强，成为首位于此杯赛出线8强的中国女子球手。10月，其世界排名升上第15位，平了郑洁所创的中国球手最高的世界排名纪录。

2010年是李娜大爆发的一年，28岁的她迎来了职业生涯的新高度：与郑洁双双跻身澳大利亚网球公开赛4强。虽然在半决赛遭到淘汰，但是凭借这一成绩，平了中国球员在大满贯上的单打最好成绩。

2011年6月4日，李娜在巴黎获得法国网球公开赛女子单打冠军。29岁的李娜实现了人生第一个梦想。这场决赛吸引了约1.16亿中国电视观众收看，创下中国单场网球比赛电视直播观众数的纪录。从那时，李娜的名字开始被更多人知道。

李娜已经30岁了，这对于一个网球运动员而言，确实是一个残酷的现实。然而李娜从来没想过退役，因为她对网球的那种发自内心的热爱。“年龄不是问题，我还没有考虑退休的事。因为我热爱网球，无论为它付出多少，我都愿意。”当有人问李娜何时退役时，30岁的李娜这样回答。

因为热爱，一切都变得不同！那么辛苦艰难的网球运动，李娜坚持了下来，无数次的受伤，无数次的失败，都没能使她退缩，使她离开。她一个人在场上，与伤病斗争，与对手竞争，这一切，正是源于她对网球运动深入骨髓的热爱！

真正的热爱才是工作的发动机，是我们做好一切工作的前提。当你的热爱渗透到工作的点点滴滴，那种过程的艰辛，峰回路转的惊喜，以及硕果的触手可及，都会让你体会到历程的满足感、使命感与自我价值的肯定。因为爱，我们不再害怕工作的枯燥和单调，也不在乎付出的多少，更不会有任何问题能阻碍我们前进的脚步。

美国 Viacom 公司董事长萨默·莱德斯通在 63 岁时开始着手建立一个很庞大的娱乐商业帝国。63 岁，在多数人看来是尽享天年的时候，他却让自己重新回到工作中去，而且，他总是一切围绕 Viacom 转，工作日和休息日、个人生活与公司之间没有任何的界限，有时甚至一天工作 24 小时。很多跟着他工作的人，都因工作时间太长而感到精疲力竭。可他，又是从哪里来的这么大的工作热情呢？

萨默·莱德斯通有自己的看法："实际上，钱从来不是我的动力。我的动力源自于对我所做的事的热爱，我喜欢娱乐业，喜欢我的公司。我有一个愿望，要将生活中最高的价值，尽可能地实现。"

因为热爱，一切都变得不同。那么，热爱你的工作，热爱你的生活吧，对工作和生活投入足够的爱，你将会发现，枯燥和单调早已消失无踪，你的工作成为了你的享受，而你的生活，也会缤纷多彩起来。

第四章

发现工作的乐趣，枯燥的工作也能轻松起来

工作做得久了，不论多么有趣的工作，也会因为不断地重复而变得枯燥乏味起来，让人觉得不堪其苦。但实际上，只要我们善于去发现工作中的乐趣，积极地寻找工作背后隐藏的快乐，不管多么枯燥的工作也会变得轻松愉快起来。

1.

工作是一种享受而不是苦役

每个人都需要工作，但不同的人对于工作的感受却又不相同。有的人把工作当成谋生的手段，看成是不得不为之的一种任务，因而工作对于他们来说，是差事，是任务，更是劳役，因而他们会觉得工作又苦又累，枯燥乏味，令人厌恶；有的人则把工作当成是自己的一种需要，是人生的乐趣，他们因此为工作投入全部的精力和心血，甚至为它痴迷，工作对于他们来说，不仅是轻松愉悦的享受，也是心满意足的收获。因而，他们也是世界上最快乐的人。

国外一家报纸曾举办一次有奖征答，题目是《在这个世界上谁最快乐？》从数以万计的答案中评选出的四个最佳答案是：

作品刚完成，自己吹着口哨欣赏的艺术家；

正在筑沙堡的儿童；

忙碌了一天，为婴儿洗澡的妈妈；

千辛万苦开刀之后，终于救了危急患者一命的医生。

可见，工作着的人是最快乐的。而享受工作的过程和成果的人更是快乐无比的。

常言说，心态决定状态。你把工作当成一种享受，那么再苦累的工作也充满了快乐；你把工作当成苦役，即便再轻松有趣的工作也会让你不堪其累，苦不堪言。所以，我们要以一种享受工作的态度来对待工作，这样工作就会轻松愉快起来，也更能获得我们想要的成果。

贵州省政府特殊津贴专家冉景丞就是一位善于享受工作的高人，他不辞辛劳扎根山区一心一意做着保护区的研究工作，原因只有一个：这是自己感兴趣的事，是自己喜欢的事情。在他看来自己工作是很快乐很享受的事情，“我的工作就是我的兴趣。有了兴趣事业就成功了一半。”从事科学研究要能耐得住寂寞，需要有一种执着的精神。有了工作的兴趣，就能在工作中享受到工作所带来的愉悦，工作起来就会有动力。19 年来，他的足迹遍及两万公顷茂兰保护区的每一个角落。无论是动植物研究保护、溶洞的数据勘探，还是扶持保护区内瑶族居民的生活，都从一个数据，一件小事做起。现在的荔波已经有了比较完整的地下生态系统及洞穴发育、演化情况的统计，这些很好地揭示了亚热带喀斯特森林区岩溶作用与碳循环的规律。同时他提出的喀斯特石山区治理模式与方法，为制定喀斯特环境的保护与发展措施提供了重要的基础资料。

19 年来，冉景丞在《水土保持学报》《中国岩溶》《林业资源管理》等 10 多种国内外核心学术期刊上发表了多篇研究论文，参与编写了六本论文集，还与他人一起撰写出版了《荔波洞穴研究》一书。

2003 年获贵州省科技进步三等奖、2004 年获黔南州科技进步二等奖两项；组织开展的“少数民族社区参与喀斯特森林湿地管理”项目获“福特汽车环保奖”。撰写的研究论文获全国优秀学术成果一等奖、黔南州优秀论文二等奖等，荣获 2002 至 2006 年“贵州青年五四奖章”“黔南州十大杰出青年”“黔南州州管专家”“贵州省绿化先进工作者”“全国野生动物调查先进个人”等荣誉称号。被贵州师范大学特聘为硕士研究生导师，被国家林业局世行中心特聘为区域性专家培训员。但这些成绩都不是他所看重的，他最看重的，还是工作之中那无尽的乐趣，这才是任何其他的事情都不能带给他的真正的享受。

当你以一种享受工作的心态来面对工作的时候，所有的辛苦、乏味和枯燥都会烟消云散，不值一提了。这样的心态不仅能够提升我们的工作效率，更能给我们带来意想不到的成绩。

然而很多爱抱怨的员工认为，一切的不如意、烦恼和忧愁、乏味和辛苦，都是因为自己的工作导致的。要是没有干这份工作，那一定是自由、轻松、有趣和快乐的人生。这其实是大错而特错的一种想法。每个人活着就必须工作，工作不仅是我们的责任和义务，更是我们的需要。一个不必工作、整天无所事事的人，是不可能享受到人生的乐趣的，更不可能体现人生的价值。所以，从某种程度来说，是我们需要工作，而不是工作需要我们。因而，对于任何一份工作，我们都有必要认真、仔细地对待，尽职尽责地做好。这样，我们才能享受到工作的快乐，同时工作也会成为我们的快乐之源。

事实上，越善于享受工作的人，往往就容易获得成功。因为他们往往对工作更加执着和认真，更愿意付出努力和心血。

有一个孩子从很小的时候就很喜欢画画，并梦想成为一个画家。他每天一有空闲就开始画画，父亲见他如此痴迷，就带他去拜访一位老画家。

老画家听了孩子的情况又看了看他的画，就问："孩子，你为什么想画画呢？"

"我想成为一个画家。"孩子很自信地说。

"可是，并不是每一个学画画的人都能成为画家。"老画家提醒说，"那么，我再问你，你画画时觉得快乐吗？"

"快乐。"孩子美滋滋地回答说。

"那就足够了！"

孩子听得似懂非懂，老画家接着说："世界上有两种花，其中一种花能结果，而另一种花不能结果。但是不能结果的花也很美，比如我们喜欢的玫瑰、郁金香，它们并不因不能结果而放弃绽放自身的快乐和美丽。人也像花一样，有一种人能结果，成就自己的梦想；而另一种人可能努力一生也没有什么结果，但这样的人未必就不快乐，相反，他们的脸上还常有笑容，就像玫瑰和郁金香那样，能得到人们的欣赏和喜爱。”

孩子恍然大悟，点了点头。临走时，老画家又鼓励孩子说："去享受画画过程中的快乐，做一个快乐的人吧，只要有快乐人生就会充满阳光。”

这个孩子天天都要画画，但他不再执着于技巧和成为大画家，而是自由自在地画，想怎么画就怎么画，享受着画画的快乐和过程。结果是，他开创了一种全新的画风，成为一个新的流派的开山之祖！

很多人之所以会将工作当成一种劳役，主要是因为他们觉得眼前的工作不适合自己，不是自己喜欢的。他们因此没有了工作的动力，于是就懒散、懈怠、无聊和焦躁，甚至觉得工作没有任何意义。而当你越是这样想，就越是只能望洋兴叹，工作也就会变成一种劳役，似乎永远没有出头之日。只有你放弃了这种苦役的心态，工作才能变得有意义。许多工作本就是平凡而重复的，要想从工作中得到幸福就必须学会把工作当成一种享受，而不是一种苦役。

那么，如何才能把工作当做一种享受呢？

享受工作，需要积极的心态。马克思在 1844 年《经济学一哲学手稿》中提出："人的本质是劳动。”把劳动作为一种享受，既是一种心态，更是一种境界。对工作保持积极的心态，带来的是愉快和成功；对工作持有消极的心态，带来的则是痛苦和失败。

比尔·盖茨每天的工作时间约为十六七个小时，你一定会觉得他是一个工作狂人。即使如此，在他休息的短短几个小时里，如果你需要与他讨论有关工作的事情，他的精神还是马上就会振奋起来。可是如果你的问题与工作毫无关联，他就会觉得这件事情毫无意义而失去精力。因为他觉得工作非常有趣，只有工作才是一种享受。虽然他走的是一条前无古人的大路，可他从来就不觉得孤单也不觉得艰辛，因为对他来说工作并不是工作，而是一种享受。

人只有把工作当做一种享受，才能保持良好的心态，这样不论干什么工作，无论环境如何，他们都会感到快乐。他们既不会因辛苦而抱怨，也不会因困难而退缩；既不会因不公而嫉妒，也不会因打击而沉沦，相反，越干越有劲，越干越快乐。

享受工作，需全身心投入。投入是一种精神，是一种境界，更是一种素质和能力，是一种发自内心的持久的动力。只有全身心的投入，才能在内心获得一种提升境界、完美人生的崇高享受。我们常有这样的体会：每当集中精力、全情投入地做完一件事情，不管是大事还是小事，只要得到领导的肯定和周围人的认可，就会有一种愉悦感、成就感和满足感，就会感到心里充实、快慰和轻松，就会觉得是莫大的享受。这种投入所得到的享受，是十分宝贵的，是用金钱所买不来的。

享受工作，需淡泊名利。对待工作，一旦名利熏心，就会失去内心的和谐与宁静。而豁达一些，看开一些，想得更远一些，就会觉得名利乃是身外之物。一旦淡泊名利，工作起来就会没有包袱，没有压力，更没有负担，就不会被人在背后戳脊梁骨。一旦淡泊名利，就会想做事，能做事，干成事。在日常工作中，应有一种“谋文不谋名，谋事不谋利，谋策不谋财”的境界。因此，为人处世，需常留一份宁静给自己。享受工作，更需多存一点淡泊在心底。

享受工作，需与人为善。任何一件工作，都是在周围人的支持和配合下完成。没有完美的个人，只有完美的团队。完美的团队，需要每个人付出爱心与善意。在工作中，要学会换位思考，多同情和理解人，多体谅和宽容人。学会站在他人的角度将心比心，要多看别人的长处，多想别人的好处，多体谅别人的难处，多思量自己的短处。要善于团结与自己不同意见的人，甚至是曾经反对过自己的人。与人为善，不仅仅是奉献和付出，同时需要播种和储蓄，最终会收获快乐和益处。

工作随着志向走，成就随着工作来。理想定位越高，奋进的动力就越大，事业的天空就会越宽广，获得的成就也就越丰厚。实践表明，只有把工作定位在“享受”的高度，才能不断追求高目标。不论条件多么艰苦，环境多么恶劣，机遇多么不公平也会义无反顾，勇往直前，视挑战为机遇，变压力为动力，把艰苦视考验待工作为锻炼。只有这样，才能创造性地开展工作，由衷感到工作的确是一种崇高的享受，才能达到“人因工作而完美，工作因人而完善”的境界。

“天空中没有留下翅膀的痕迹，而我已经飞过。”飞翔的目的并不是为了留下痕迹，而是尽情地享受在天空中飞翔的快乐。同样的，工作的目的也不仅仅是为了工作，还有对于过程的享受。如果有这样的心态，那我们每天都能快乐工作，哪里还会有什么单调和枯燥呢？

2. 每一份工作里都隐藏着快乐

快乐工作，关键在于心态，与工作本身并没有太大的关系。不论你做着什么样的工作，都可以从中找到快乐，发现快乐，并享受这份快乐。也就是说，这一份工作背后都隐藏着无限的乐趣，关键在于你如何去发现。

有一个小药店的老板，总是瞧不起自己的工作，每天早上起床，他都希望新的机会能够降临到自己身上，这样他就能够摆脱乏味的小店工作，能够展开拳脚大干一场。但遗憾的是，太阳每天像往常那样东升西落，奇迹却从来没有发生过，他心情始终郁闷，常常独自去花园散心，对药店的生意不闻不问，药店的生意也因此不温不火，没有出现任何起色。

有一天，这个药店老板忽然想通了：与其期待新机会的到来，将希望寄托在陌生的领域中，为何不振奋精神，在自己熟悉的医药行业大干一场呢？思路扭转之后，他的整个精神面貌都焕然一新。走进店里的老顾客看到了一个被热情点燃的店主，他会亲切而殷勤地招待顾客，热心地向他们推荐药品，通过电话订购药品的顾客则体会到了他更为令人惊讶的服务。

每当电话接通，店主问明顾客的需要后，一边以手势示意伙计，一边继续找些新鲜话题，将交谈愉快地进行下去。在谈话的过程中，伙计以最快的速度将顾客需要的药品包装好，负责送货的人员迅速接过药品，出门上路。不一会儿，顾客在电话里请店主等一下，她的门铃响了，当她放下电话走到门口，却惊讶地发现，是店里的送货人员拿着药品站在门外。

凭借这样周到的服务，药店的口碑越来越好，没多久，几条街以外的居民都会舍近求远来到店里买药，甚至城里一些大药店的老板，也会慕名跑到小店取经。

由于生意越来越兴隆，店主陆陆续续在全国各地开了分店，以惊人的速度抢占着美国的医药业零售市场。在当时的美国医药业中，他公司的规模位居全国第二。

这就是查尔斯·瓦格林的成功故事，而瓦格林之所以能够成功，正是因为他将工作从枯燥的任务变成了有趣的游戏，并以饱满的精神去经营它，由此发挥出自己的潜能，使不起眼的工作变成了令人瞩目的大事业，实现了大干一场的梦想。

可是很多员工根本没有意识到快乐工作的重要性，他们总是把工作当成事业，当成任务和责任，因而给自己背上了沉重的包袱，只感觉到工作的枯燥和疲惫。其实，只要改变一下你的心态，努力去寻找工作背后隐藏的快乐，那么一切就可以变得不一样！

年轻时的卡腾堡穷困潦倒，好不容易找到一份推销立体观测镜的差事。立体观测镜就是用两张相同的照片，透过观测镜的两个镜头，叠合成一张立体照片。卡腾堡开始在巴黎推销这个玩意儿的时候，觉得一点儿意思也没有。

可是，慢慢地，他却成了一个十分出色的推销专家。他的秘诀只有一点，就是决心使它变成有意思的工作。

他每天出门前，总是对着镜子给自己打气说："既然你非做不可，干吗不做得高兴一些呢？当你按人家的门铃时，为什么不假想自己是一名出色的演员，很多观众都饶有兴趣地看着你呢？"

正如高尔基所说："工作是一种乐趣时，生活就是一种享受；工作是一种义务时，生活则是一种苦役。"与其日复一日地被工作的枯燥和单调牵着鼻子走，不如努力去发掘工作背后隐藏的快乐，从夜以继日的工作中发现乐趣。所谓"态度决定一切"，无论你喜欢还是不喜欢眼前的工作，既然必须做，那就好好做！从今天起，尝试成为工作的主人，尊重眼前的工作，带着积极的心态迎接每一天，你将发现工作开始有所不同。稍稍花些心思，你会发现，原来每一份工作后面都隐藏着许多的快乐！

3.

找到工作中的乐趣，工作不再枯燥

任何工作做得久了，都会使人产生倦怠感，感觉到枯燥和无聊。但如果我们能学会找到工作中的乐趣，那么枯燥和单调就会不战而退。

刚做旋车工的萨姆尔·沃克莱日复一日的工作就是旋螺丝钉，看着那一大堆等待他去旋车的螺丝钉，萨姆尔·沃克莱满腹牢骚，心想自己干什么不好，为什么偏偏来旋螺丝钉呢？

他想过找老板调换工作，甚至想过辞职，但都行不通，最后寻思能不能找到一个积极的办法，使单调乏味的工作变得有趣起来。于是，他和工友商量开展比赛，把这当成一种赛跑的游戏，看谁做得快，工友答应了。这个办法果然有效，他们工作起来再也不像以前那样乏味了，而且效率也大为提高。不久，他们就被提拔到新的工作岗位。后来，沃克莱成了著名的鲍耳文火车制造厂的厂长。

旋车工的工作，确实是相当枯燥和乏味的，但是，只要我们用一点心思，找到工作中的乐趣，再乏味的工作也一样可以妙趣横生，让我们迸发活力。

我们常常认为只要准时上班，按点工作，不迟到早退就是完成工作了，就可以心安理得地去领所谓的工资了。可是，我们固然是踩着时间的尾巴上、下班的，可是，我们的工作很可能是死气沉沉、被动的。其实，工作就是工作，它永远不可能像休闲度假一样充满新奇和喜悦，关键是你如何在其中寻找并创造乐趣。

世界上大凡有所成就的人，都善于从工作中寻找乐趣。因为他们把工作当成一回事，当成一种事业，同时也当成一种爱好，所以他们勤于工作，热爱工作，并且乐在其中。不觉得苦，也不觉得累。因此，工作成了一种乐趣和享受。这样，不论做什么工作，都不会觉得那么辛劳，做什么工作都能成绩卓越。

爱迪生一生有过数不清的发明，他研制白炽灯，改进了电话，发明了留声机，每一项都影响了人类的生活方式和文明进程。爱迪生认为，工作可以创造出生产力、乐趣以及满足感，投身于自己所从事的工作，可以从中得到源源不断的快乐和成就感。每一个新的发明都会给予他超乎一切的快乐，所以他才乐此不疲。他曾经说过：“我这一辈子从来没有工作过，我只是在玩而已。”爱迪生深信，工作的真谛应该是乐趣以及满足感。

把工作当作乐趣的理念能够使我们的整个生活充满乐趣，虽然它不能调动我们百分之百的积极性，但它却会给我们提供向正确航线前进的可能性。比如，一些熟练的排字工人能够排出任何字体和任何冷僻文稿，别人或许以为他们的工作枯燥乏味，而他们却能够通过工作，满足自己创新的本能，从而轻易获得快乐。其实任何工作都是如此。

戴尔·卡耐基曾说，如果你不能从工作中找出乐趣，那不是因为工作本身枯燥，而是自己不懂得工作的艺术。卡耐基之所以能在事业上取得巨大的成就，就是由于他懂得生活趣味化和工作趣味化的方法。卡耐基小时候就开始自力更生，从那时起就学会享受生活的快乐，他的所有成就，都不是“苦干”的结果，而是快乐地做出来的。

一个人工作时间久了，特别是在一个工作岗位上干久了，难免出现职业倦怠，感到工作乏味和枯燥。这是许多人都会遇到的职业通病，并不奇怪，也不可怕。但是，不能让这种不良情绪长期占据你的心灵，因为它会蚕食我们的上进心和工作积极性。

我们经常见到这样的职场人：他们拥有渊博的知识，受过专业的训练，朝九晚五穿行在写字楼里，有一份令人羡慕的工作，拿一份不薄的薪水，但是他们并不快乐。他们是一群烦恼的人，不喜欢与人交流，不喜欢星期一；他们视工作如重担，仅仅是为了生存不得已而为之；他们常常抱怨工作苦、工作累、工作难，工作如同千斤重担，压得他们喘不过气来，好像是三山压在头顶，五岳压在身上。于是他们对工作消极萎靡，敷衍应付。久而久之，他们便无法胜任本职工作，更无法胜任要求更高的工作。因此，当我们对工作厌倦的时候，要适时调整自己的心态，善于在工作中寻找乐趣。这样，不仅可以缓解我们的工作压力，而且还可以使我们更快地爱上工作，乐此不疲。

一个老人在70岁的时候，按照他所在的美国威斯康星大学的一个规定，他将面临着退休。

这令他很无奈，因为这样的规定不允许有任何的破例。然而他却多么希望能留下来，能继续工作，能继续享受工作的乐趣——因为他觉得只有工作，才是最令他愉快的事情。

家人见他仍留恋大学的一切，纷纷劝他理性地看待大学教育的规律和人的生理局限，他们希望老人学会放下，安享晚年。老人只好笑了笑，说："好吧，我试试。"不过，家人都知道他是永远不会"安分守己"的人，他的心里永远有火焰在燃烧。

果然，很快雷德里化验所的制药厂聘请老人担任他们的顾问，希望能在老人的带领下研制出一种特效药，用来拯救那些被病魔折磨的人。来到制药厂后，老人马上进入工作状态，像往常那样全身心地投入到科研当中。

在实验室中，老人准备了6000个小抽屉，每个小抽屉里盛放着采集自世界各地的泥土样品，真的可以称得上世界泥土的博物馆了。即便只是参观一遍这些琳琅满目的泥土宝贝，也足以叫人眼花缭乱吧。但这仅仅是开始，接下来，他要将这所有的泥土样品一小撮一撮地放置到细颈实验瓶内交互配合，直到它们生长出各种各样甚至一无所知的霉，然后，再用这些霉来做无数次的试验，以便从这些霉中分离出能对病菌产生抑制作用的物质。

如果要将所有的6000份泥土样品全部组合生霉的话，至少要做3600万次交互配合，才能得到一个真正科学、真正激动人心、真正让老人感到幸福和快乐的结果。3600万次！这个"恐怖"的数字让人听听都会被吓倒了。但是老人没有。他沉溺在他的这种单调且无人喝彩的实验中，一遍又一遍，却自觉乐趣无穷。他觉得自己像在用时光雕刻一座好看的城堡，只不过过于精细，过于从容缓慢罢了。

整整三年，老人73岁时，须发都雪白了。有一天，他第一次发现一个实验瓶里生长出一种金色的霉，美得惊心动魄。他激动得内心咚咚直跳，一种强烈的预感鼓舞着他忘我地投入到更加严密、艰辛的研究工作当中。经过多次试验，他终于从中分离出一种抗生素。后来的实践证明，这种抗生素可以控制50多种严重病症，这就是著名的金霉素。金霉素的诞生可谓好事多磨、石破天惊，老人马不停蹄地乘胜决战，很快又分离出另一种广效抗生素——四环素。

这位贡献卓越、非凡不羁的老人就是植物学教授德格博士，他一直快乐地工作，直到84岁时，他离去。这时候他才算真正退休了。人们应该记住的是，他"救活"的病人比世界上的医生加起来还要多。

工作其实乐趣无穷，工作是我们的快乐源泉。工作不仅是我们人生的意义，更是我们人生的乐趣。当你找到这样的乐趣之后，你的工作绝不会再枯燥、无聊和乏味。那么，我们应当如何找到工作的乐趣呢？

(1)把工作看成是自我满足

心理学家发现，人们为了自我满足而从事一项活动是一种乐趣。如果是强制性地从事一项活动，就未必是愉快的。你可以因为自己刚刚成功地拜访了一名新客户，或者出色地完成了一个难度较大的项目而高兴，俗话说"知足常乐"，满足于目前的工作成就会成为你开展下一轮工作的热情与动力，而且你的工作也会因此而充满乐趣。

(2)把工作看成是创造力的表现

其实，每一项工作都可以成为一种具有高度创造性的活动。一个运动员完美无缺的动作，从创造的角度来看，可以与《十四行诗》那样的作品相媲美，并且可以让观众或读者获得同样的精神享受。

(3)把工作看成艺术创作

马丁·路德·金曾说过："如果你是一名清洁工，也要像米开朗基罗绘画、贝多芬谱曲、莎士比亚写诗那样的心情对待自己的工作，这样，你就会从中发现很大的乐趣。"在现实中，假如每个人都能把自己的工作当成艺术创作，把单调、枯燥的打字看成是在钢琴前创作新的圆舞曲，那么他们的工作会成为一幅艺术杰作。

工作是不分贵贱的，如果我们歧视一份工作，那么这份工作也会离我们而去，保持一颗积极的心，寻找工作中的乐趣，那么工作就绝不会再陷入枯燥无味的泥淖，而是越来越有乐趣，你的工作也会越来越有成绩。

4.

让眼前的工作成为快乐的源泉

不论多么枯燥的工作，其实都有它的乐趣在其中，关键在于我们是否能发现，并主动地创造一些乐趣。如果你做到了，那么你的工作就会成为快乐的源泉。这与你从事的是什么工作，有多高的收入以及晋升到什么位置，并无什么关系。

臧勤是上海大众新亚出租汽车公司的一名出租车司机，他的宗旨就是“每天都要快乐地工作”。乘客的一篇名为《出租司机给我上的MBA课》的博客文章，让这位普通的出租司机臧勤一下子成为了名人，也让人见识了他的快乐工作。

起初，臧勤以为引起人们关注的原因只是他长期稳定的月挣八千。时间一久，他才发现，人们最感兴趣的其实是他的快乐心态。

每天傍晚的5点半到6点半之间，是出租车的黄金时段，也是路面最为拥堵的时期。臧勤大致算了一笔账：一单15元的生意基本上耗时15分钟，再加上一路上堵车起码10分钟，堵车时间增加4元的营收，也就是说，在这近半个小时的时间内，他只有19元的进账，一个小时才38元，因此基本没收益。不过，臧勤并不会因此而烦恼。如果在这一时段有接客，那么就好好地开车，给乘客一个微笑或一段诙谐愉快的谈话；要么利用路堵时段去吃晚饭，听听移动广播，放松休息一下，给道路减轻压力。到高峰期过后，路面情况基本好转，生意也是“一单连一单”。

从1989年开出租车以来，臧勤一干就是二十多年。每天早晨五点多就起来做生意，晚上凌晨一点才结束。每次出车之前，臧勤会将自己收拾得干净利索，这样客人舒心自己也快乐；中午休息时拿本《鹿鼎记》研究研究，韦小宝怎样将那么复杂的问题处理得恰到好处；将坐垫调整到最为舒适的位置，为自己准备点话梅，为自己戒烟为乘客解馋，同时为自己提供一个美好的工作环境。对于出租司机来说，最不愿意面对的就是大堵车了。不过对于这段难熬的时间，臧勤也有很好的心态来面对：当车停下来的时候正好可以欣赏来往的漂亮女孩，现代的高楼大厦，与老婆同龄妇人的美丽服装。若没有遇上堵车则更好了，看着车外一闪而过的美景，再看看不停跳动的里程表，心里自然是美滋滋的！

臧勤从一个普通的出租司机，转而成为了街头巷尾的公众人物。他的成功与快乐给了我们很多启示：生活与工作都是丰富多彩的，虽然每个人追求的方式各有不同，但工作的目的都是相同的。不论从哪个角度来说，工作本身并没有高低贵贱之分，工作快乐与否关键在于员工怎样看待自己的工作。只有爱岗敬业，积极主动，打心底将自己的工作当成一种享受，用快乐的心态去工作，才能成为工作的主人，才能有用之不尽的创意，从而取得最好的工作成绩，同时为自己带来最高的经济效益！只有工作才是取之不尽、用之不竭的快乐源泉。

快乐不在能不能，而在你要不要。不管工作环境怎样，每个员工都能快乐都能成功，因为我们可以改变自己，改变自己对事物的态度，从而使事物朝着对自己有利的方向发展。只有觉得工作是一种快乐时，工作态度才能变得主观积极，员工才能全身心地投入到工作中，开始快乐的工作。

要让眼前的工作成为快乐的源泉，下面的方法能提供给员工一些有益的启示：

(1)找到快乐方向

人们常说方向决定未来，要想快乐工作，首先需要明确自己从工作中能够找到快乐的方向。我们可以从了解自己开始，想想自己最喜欢的工作是什么？内心最想从事什么？最擅长的领域在哪？性格的倾向能适合怎样的工作？从中能否发挥自己所长？当前与目标职位相差有多远？通过认真的思考，逐步得出自己的目标，找到快乐工作的方向。许多人每天忙忙碌碌埋头苦干，被工作和生活压得无法喘气，渐渐地淡忘了自己的梦想，职业目标变得模糊，根本谈不上从工作中寻找快乐。职场中有超过68%的人定位不清或目标不明，不知往何处去，工作以应付为主。因而，只有先找到能让自己快乐工作的方向，才有机会朝着快乐进发。

(2)挖掘快乐源泉

从工作中挖掘出快乐的源泉似乎是件很难的事，但是我们可以让其变得简单，那就是调整好你对待工作的态度，态度决定心情。如果你选择了一份适合自己的工作，从内心深处也相当认同，那么你会乐于付出自己的时间和精力，充分激发自己的工作热情，竭尽所能地做好工作。你会发现因为你在这个合适的平台给自己做出了正确的定位，从中你可以把握住各种机会，工作业绩得到上司和同事的肯定，你的发展前途一片光明。而与此同时，你的快乐源泉就会源源不断地为你输送能量，由此帮助你一步一步走向更加快乐的职场生活。对待工作不妨试着用快乐的态度，为自己做好定位和选择，并从中享受工作带来的成就与快乐。

(3)分享快乐感受

在当今的职场，老板想要的不是一枝独秀，而是万紫千红。友好、融洽的公司氛围对人的心情有着直接的影响。积极友好的工作环境能激发人的进取心，混乱复杂的工作团队容易让人沉闷。当你面临沉重的工作压力时，不妨先停下手中的工作，看看能否从工作伙伴那得到有力的支持，即便是一个理解的笑，那也能从中感受到莫大的欣慰。当你赢得一次小小的成功时，别忘了放下你的骄傲，想想身边帮助和支持过你的这些同事，让你的快乐感受传遍周围每一个人。懂得分享和感恩的人，更易于得到快乐。

(4)懂得快乐学习

当今的社会信息更替速度飞快，而知识的淘汰率也越来越高。身在职场的我们想让自己有个更好的发展，都需要不断让自己接受新的知识。接受新的学习计划不仅能让你在工作中如虎添翼，而且在学习中能够感受到年轻的活力，开阔视野，活跃思维，而不同于单一工作中的枯燥乏味。学习中还能结识新的朋友，拓展自己的人脉圈。

(5)保持快乐心境

让自己的心境随时保持快乐，说来简单，做时不易。遇到工作压力时，我们可以放声大笑，可以深呼吸，在高处长啸，可以找友人倾诉，或通过运动释放压力，也可以化压力为食欲，可以找上二三好友上街购物，更可以放上一段喜欢的音乐，让自己沉浸在迷人的咖啡香味中……总之，在忙碌的工作中，给自己留出一点空间，为心情做个保养，只有有了充沛的体力后，我们才能有精力投入到工作中，接受更多来自外界的挑战，让自己更快乐，也让工作更优秀。

5. 微笑工作，随时保持良好的心情

我们常说，生活就是一面镜子，你对生活微笑，生活就会对你报以微

笑。职场中则更是如此，微笑是职场中的一种良好修养的表现。面带微笑是职场中的最佳名片。带着微笑去工作，就能让工作充满意趣，又成绩斐然。

全国劳动模范、北京王府井百货大楼售货员张秉贵站了一辈子柜台，接待了几百万顾客，他的“一团火”精神受到人们的交口称赞。他的微笑温暖着每一位顾客，不仅使顾客买到了称心如意的商品，也获得了可贵的精神享受。

一次，有个上级领导想了解一下百货大楼经营实情，于是，他来到了柜台前。看到有人光顾，张秉贵主动上前问道：“请问，您要点什么？”领导做不悦状，问说：“我要的东西多了，你能给吗？”张秉贵仍然笑容满面，接着礼貌地问道：“您买点什么？”领导还是很不高兴地回答说：“我不买东西看看还不行吗？”

张秉贵一看自己的问话有漏洞，马上改口道：“请问您看点什么？”领导实在难以再继续“不满”下去，终于满意地露出了笑容。

中国有句古话：“人不会笑莫开店。”

外国人说得更直接：“微笑亲近财富；没有微笑，财富将远离你。”

一位纽约大百货公司的人事经理曾这样说：“我宁愿雇一名有可爱笑容而没有念完中学的女孩，不愿雇一个摆着扑克面孔的哲学博士。”

其实，微笑并不只是一个简单的面部表情，更是一个人内心世界的最真实的写照。只有发自内心的笑才是良好心情的证明。与对弱者的愚弄和对强者的阿谀不同，就这样浅浅的一个微笑，不仅会让人如沐春风，还能缩短人与人、人与事之间的距离。因此，在职场中，那些能保持良好心情，微笑工作的员工总是最受欢迎、最幸福的员工。

微笑传达的是一种安慰，一种喜悦和兴奋，一种浪漫和心情。很多人觉得，说微笑有如此大的功效简直就是胡扯。然而，无数事实却证明，微笑已经不仅仅是一个表情，更是一种征服自己与他人的武器。因此，微笑不仅应该存在于零售与服务行业，而应该存在于每一个工作岗位之中。

没有每天轻松的工作，也没有无缺陷的企业。工作干久了，都会产生枯燥感，这是很多人都会经历的。但有的人却能轻松化解，有的人却纠结于心，除了换工作，就想不出还有别的能让工作有趣的办法来。但实际上，再枯燥的工作，只要你对它倾注热情，它也一样可以乐趣无穷。

下岗后的李阿姨在一栋公寓里找到了一个电梯工的工作。很显然，这不是一份满意的工作，电梯间狭小闷热，这个工作也了无意趣，还经常被人瞧不起。但是有什么办法呢？李阿姨没有更好的地方可去，只能在这里将就。

这份工作真的是枯燥无味到了极点。李阿姨每天都苦着一张脸，也不愿跟谁打招呼，有人进来，也只是冷冷地问“几层?”看都不看别人。别人自然也不会理睬她，照样会冷冷地回答几层，就完事。这样的工作真的如苦役一般，她只是在忍受。直到有一天，一个春风满面的人走进了电梯。

“几层?”照样是冷冷的音调。谁知这回收到的却不是同样的冷冷的回答。

“你好，我到 32 层。嗯，好的，谢谢你，大姐。”一个快乐的中年女声。

李阿姨不禁好奇地抬头看了一下。原来也是一位四十多岁的大姐，穿着并不奢华，打扮也并不出众，看起来和李阿姨差不多，但与李阿姨完全不同的是，这位大姐脸上却神采飞扬，脸带微笑。看到李阿姨抬头望她，大姐更是笑开了脸，热情地说：“这么热的天，真是谢谢你了。”

李阿姨情不自禁地还了她一个微笑。“大姐，你的工作也挺辛苦的，这么热的电梯间。”

“可不是吗?”李阿姨说，“这么小的地儿，就这么个小电扇，一坐就是 6 小时……你去 32 层？去走亲戚?”李阿姨记得似乎从来没有看见过她。

“呵呵，我是去打扫卫生，为32层的一户做家政的。下岗了，刚找到这份工作。”还是乐呵呵的声音。

李阿姨一听，不觉有些同病相怜，正要再说话，32层到了。大姐说：“谢谢你了。再见。”这回李阿姨没有板脸，而是热情地说：“再见，你待会儿回来我们好好聊聊。”

她们果然聊了半天，李阿姨很不解地向她请教了为什么下岗了找的工作也是枯燥无味的家政，怎么会还有那么好的心情？

陈大姐笑了，说了一番让李阿姨从此改变的话。她说：“呵呵，这有什么呀，心情好一切才能好，哭也是一天，笑也是一天，干嘛不高兴些？再说了，自己高兴，工作起来才有精神，雇主也高兴，工作也会有趣一些。”

陈大姐说：“你像我，每天乐乐呵呵的，虽然工作苦些累些，但心情不错，别人也不敢小瞧了咱。咱把事做好了，自己高兴，对方高兴，大家都高兴，多好呀。”

“可我这个工作，要多枯燥有多枯燥，这样的工作怎么做也无法有趣，我怎么高兴起来？”

“妹子呀，这我可得说道说道你了。你看呀，哪怕是开电梯，你也可以笑着工作的，每次看见人来都招呼一声，别人理不理，咱别管，至少咱自己心中敞亮了。再说你天天笑脸迎人，别人也会对你笑的。”

李阿姨按照这种方法做了，每天都带着笑容工作。公寓里上上下下的人那么多，几乎每个人她都认识了，每次见面都打招呼，还聊聊闲话，李阿姨觉得这份工作也没有那么让人生厌了，开始喜欢这份工作了。

西方一位心理学家做过微笑训练的实验，要求参加者每天坚持对人微笑。一个月后，有人感激地说：“我每天坚持这样做。刚开始时，大家感到惊讶，后来习惯了。这个月家庭中得到的快乐，比过去一年中得到的还多。现在我已养成习惯，而且我发现人人对我微笑，以前对我冷若冰霜的人现在也显得热情起来了。”李阿姨的转变也说明了微笑工作的效果。

一般上班族，常常会犯这个毛病，对现在服务的企业因太了解而产生抱怨。人一有抱怨所看到的都是负面的，心情也会坏起来，工作也就难免会枯燥难熬了。与其这样，不如抛开抱怨，放松心情，带着微笑来工作，工作也许就会是另一番的景象。

陈丽和邹敏都是十分优秀的女孩子，她们同是一家公司销售部的业务员。陈丽大学毕业，而邹敏只有中专学历，应该说她们的能力不相上下，都能较好地完成任务，陈丽的业绩比邹敏还要好一些。陈丽认为自己是名牌大学毕业生，在这家小公司里没什么出息，老想着另谋高就，不但一天到晚没有个笑脸，对经理布置的工作，尽管都能完成，但答应时总不那么爽快，一副勉为其难的样子。

而邹敏则乐观开朗，认为自己学历低，更应该虚心学习，努力工作。只要她在，办公室里的气氛就非常活跃。邹敏工作积极主动，而且能适时地给经理提出一些合理的建议，她总是充满活力，好像有用不完的劲儿，很受上司和同事的喜欢。几年后，邹敏得到了提拔；而陈丽认为自己的工作枯燥无味，跳槽两三次了，却还只是一个小职员。

微笑是盛开在人们脸上的花朵，是升起在人们心中的太阳，是一个人能够献给渴望爱的人们的高贵礼物。当你把这种礼物奉献给别人的时候，你就能赢得友谊，还可以赢得财富。

对我们每一个人来说，微笑轻而易举，却能照亮所有看到它的人，像穿过乌云的太阳，带给人们温暖。让我们微笑吧，微笑着面对生活，面对工作，你就会天天都有好心情，不论怎样枯燥无味和无聊透顶的工作，也会因为我们的微笑而生动起来，美妙起来。

6. 自我调整，别把坏情绪带入工作

情绪是人对外界的一种心理反应。人时常会有情绪不好的时候，有这样那样的烦恼。坏情绪是心态不良的一种表现。如果我们带着坏情绪上班，不仅会影响工作，还会影响到其他人，甚至会发生连锁反应，使我们对原本就枯燥无味的工作更加厌烦，更加懈怠，这对于我们的工作肯定是非常不利的。

有一位经理一大早起床，发现上班快要迟到了，便急急忙忙地开车往公司赶。为了赶时间，这位经理连闯几个红灯，终于在一个路口被警察拦了下来，开了罚单。这样一来，上班更要迟到了。到了办公室之后，他像吃了火药一般，看着桌上放着几封昨天下班前便已交代秘书寄出的信件，更是生气，便把秘书叫来，劈头一顿训斥。由于秘书被训得莫名其妙，拿着未寄出的信件，走到总机小姐跟前一顿狠批，责怪总机小姐昨天没有提醒她寄信。

总机小姐被批得窝火，便找来公司内职位最低的清洁工，借题发挥，对清洁工没头没脑地一连串声色俱厉地指责。清洁工找不到发泄的对象，只得憋着一肚子闷气。

下班回到家，清洁工见到读小学的儿子在看电视，衣服、书包和零食丢得满地都是，于是逮住机会，把儿子好好地“修理”了一番。

儿子电视也看不成了，愤愤地回到自己的卧室，见到家里那只大懒猫正踞在房门口，便一时怒由心中起，狠狠地一脚把猫儿给踢得远远的。

看了这则故事，是不是觉得坏情绪很可怕？它就像瘟疫一样四处蔓延，影响自己，并危害他人。

因此，我们在日常生活和工作中要学会控制情绪，不要轻易把自己的情绪暴露出来。不加控制地直接流露自己的喜怒哀乐，只会突显自己的浅薄，没有城府。我们要学会适当地控制情绪，轻易不暴露自己的负面情绪。情绪不好时，要想办法及时调整心态，使自己冷静下来，理智地面对遇到的问题。

每个人都有喜、有怨、有悲。生活是多变的，在多变的生活中，我们每个人都可能面临挫折、失望、沮丧和失败，从而引起情绪变化。正常情况下，人在遇到高兴事时眉飞色舞，遇到伤心事时愁眉苦脸，但是在工作中，这种情况一定要控制。然而，很多人却经常把工作以外的坏情绪和不满带到工作中来，莫名其妙地发火，这既得罪了别人也伤害了自己。人在情绪激动的时候容易偏激，对事物很难有正确的分析，甚至会失去理智做出违背常理的事情。例如，在心情不好的时候，正好客户打电话给你，如果是谈愉快的事还好，如果是不愉快的事，你可能就会与人家争吵起来，甚至发火，然后不等对方说完就把电话挂掉。在这种不良情绪的笼罩下，谁都会有一种强烈的发泄欲望。需要注意的是，发泄怒气要区分场合。如果不分场合任意发泄，后果将是不可想象的。

在一家私营企业工作了三年的小马，虽然各方面表现都非常出色，成绩卓著，为公司立下了汗马功劳，但小马经常会为工作和生活中的一些鸡毛蒜皮的小事烦恼，带着一些坏情绪来上班。久而久之，就爱发牢骚，发脾气，一有事就抱怨，喋喋不休。

一天，心情极差的小马邀几个同事出去喝闷酒，烦恼中就发起了感慨，埋怨起了老板："想我自到公司以来，就全心全意、兢兢业业地做事，所取得的成就人所共知，怎奈无人重视，无人欣赏。真是'千里马常有，而伯乐不常在'呀！"

世界没有不透风的墙，本来准备提升小马为业务部经理的老板，听到了他所说的话，心里感到很不舒服。考虑再三，放弃了提升他的想法。

小马的例子并不少见，消极、倦怠情绪很容易形成恶性循环，让生活中的方方面面都跟着遭殃。一方面，不良情绪一旦滋生，很容易像波纹一样扩展开，形成持续性和弥散性的心境，也就是心理学上的“波纹效应”。另一方面，有些人在工作或生活中遇到了烦恼或困难后，喜欢归咎于别人或环境，产生抱怨和挑剔心态，容易与人发生冲突，接下来的事情反而更不顺利了。因此，每个人都有必要告诫自己，消极抱怨的心态对解决问题没有任何帮助。心里充满阳光，生活中才会更少阴影。

控制自己的情绪，我们不妨试试下面的方法：

(1)以安定的心来面对挫折

每个人一生中都会经历挫折、委屈，这正是成长的必经之路，要用理智来克制自己，不任凭情绪泛滥。

(2)如果工作或感情的某一方面越是遇到挫折，另一方面越要保持稳定并寻找支持力量

一方面燃起“战火”时，更需要一个安定的“后方”和坚强的“堡垒”来应对它，切不可两边都点燃“战火”。遇到了一些想不开的事情，最重要的是要多去找一些理智的、能帮你分析问题的朋友去探讨，而不是去找那些纵容自己情绪化的朋友“火上浇油”。只要冷静和反省，自会化逆境为顺境，化烦恼为清凉。

(3)让烦恼慢慢沉淀下来

生活和工作中烦恼的事情很多，有些事我们越想忘掉越不容易忘掉。因此，我们不妨静静地让烦恼沉淀下来，用宽广的胸怀去容纳它们。这样，心灵就不会因此受到感染，反而会更加清净。让烦恼慢慢沉淀下来，生活和工作就会变得快乐、明朗，像那一杯澄清透明的水！

(4)耐心等待三天

一位访美的中国女作家在纽约街头遇到一位卖花的老太太。这位老太太穿着破旧，身体看上去也很虚弱，但脸上的神情却是那样祥和愉快。

女作家挑了一朵花，说："您看起来很高兴。"

"为什么不呢？一切都这么美好。"

"对烦恼，你倒真能看得开。"女作家随口又说了一句。

岂料，老太太的回答更令女作家大吃一惊："耶稣在星期五被钉上十字架时，是全世界最糟糕的一天，可三天后就是复活节。所以，当我遇到不幸时，就会等待三天，一切就恢复正常了。"

等待三天——多么富于哲理的话语，多么乐观的生活方式。它把烦恼和痛苦抛下，全力去收获快乐。当我们遇到烦恼和痛苦时也给自己三天的时间，同时要暗示自己：这一切都会过去的。以一种豁达的心态看待世界，不为昨天的失意而懊悔，不为今天的失落而烦恼，不为明天的得失而忧愁。试图学会放弃，学会忘记，凡事顺其自然，我们就可以拥有美好的心情，快乐的心态。只要心情好了，我们就拥有了快乐。

(5)学会与不良情绪对抗

我们如何才能控制情绪，让每天充满幸福和欢乐呢？《世界上最伟大的推销员》一书的作者奥格·曼狄诺教我们一种方法，那就是学会与不良情绪对抗。他在该书中写道：

每天醒来当我被悲伤、自怜、失败的情绪包围时，我就这样与之对抗：

沮丧时，我引吭高歌；
悲伤时，我开怀大笑；
病痛时，我加倍工作；
恐惧时，我勇往直前；

自卑时，我换上新装；
不安时，我提高嗓音；
穷困潦倒时，我想象未来的富有；
力不从心时，我回想过去的成功；
自轻自贱时，我想想自己的目标。

我们可以尝试用以上方法来控制住自己的不良情绪，这时我们的心里便会阳光许多，我们的生活和工作中便会多许多欢乐！

7.

学会忙里偷闲，不要成为工作的奴隶

最近比较忙，比较忙，比较忙……忙，似乎成了我们这个时代许多人的口头语。然而这并不是夸张，生活中，很多人就是这样，忙得不可开交，忙得天昏地暗，就像李宗盛曾在一首歌中唱的那样："忙、忙、忙、忙得没有了方向，忙得没有了主张……"

要知道，人生不仅需要工作，也需要休息；不仅需要忙碌，也需要休闲。我们不能无休止地忙，不能成为工作的奴隶，那样只会让我们感受到工作的疲惫和烦躁，让我们不堪重负。

有位教授在上课时，举起一杯水，问道："这杯水有多重？"

从 20 克到 500 克，回答各异。

"其实具体多重并非关键，关键在于你举杯的时间。如果你举了一分钟，即便杯子重 500 克也不是问题；如果你举杯一个小时,20克的杯子也会让你手臂酸痛;如果举杯一天,恐怕就需要叫救护车了。同一个杯子,举得时间越长,它会变得越重。”教授接着指出:“倘若我们总是将压力扛在肩上,压力就像水杯一样,会变得越来越重。早晚有一天,我们将不堪其重。正确的方法就是,放下水杯,休息一下,以便再次举起它。”

休息,放松之后,才能再举起。古人云:“一张一弛,乃文武之道。”人生也应该有张有弛,也应该忙中有闲。人生就像条弦,太松了弹不出优美的乐曲,太紧了容易断,只有松紧合适,才能奏出舒缓优雅的乐章。

学不会忙里偷闲,我们只能变成工作的奴隶。很多时候,一个人只有在清醒的状态下,工作才会事半功倍。反之,当我们处于某种疲劳状态时则只会事倍功半,即使花更多的时间也只会得到很差的结果。因此,学会忙里偷闲,使自己保持清醒不仅是员工工作业绩的保证,也是员工感受到幸福的根源。

让自己变成工作的主人,这样才能从工作中得到乐趣。无止境地日夜工作正如无止境地追逐玩乐一样不可取。

人的一生中,工作占去了绝大部分时间。如果从工作中只得到枯燥、厌倦、紧张和失望,人的一生将多么痛苦!令人厌倦的工作即使给你带来了名与利,这种光彩也是何等的虚浮!所以,不要做工作的奴隶,而要做工作的主人。这样才能让我们张弛有度,让我们平衡心情,让我们轻松工作,快乐生活。

泰戈尔在《飞鸟集》中写道:“休息之隶属于工作,正如眼睑之隶属于眼睛。”不会休息的人就不会工作,只有休息好了,才能更好地工作,才会有更好的生活。如果一味地、盲目地去忙,忙到忘了休息,忙到忘了享受,忙到身体出了问题,那人生也就没有忙的意义了。

所以,人生在世要学会忙里偷闲,闲里为忙。忙,有利于创造生活;闲,有利于调剂生活。创造生活需要调剂生活,调剂生活有利于创造生活。

忙里偷闲,也没有那么难。比如听听音乐,看看书,给自己放个假,抽一点时间让自己好好地放松一下，喝杯下午茶，看一场电影，钓钓鱼，养养花，遛遛狗……一切可以暂时避开工作的事情，都可以让人得到放松，调剂工作，让我们远离工作的烦恼，以饱满的精神更好地工作。

8. 加班，也可以乐趣无穷

你有过加班的经历吗？答案一定是肯定的。对于上班族来说，加班其实是件很平常的事。既然工作越来越忙，加班不可避免，那么为什么不让自己的加班变得快乐些呢？

其实，加班也有许多讲究。如果是因为自己没有完成上班时间该做的工作，在本该做事的时间里看报、上网、聊天；如果只是为了表现你有多敬业、多积极，而一下班却又埋头苦干，装样子给老板和同事看，那样的加班纯属活该，一点也不值得同情。若是工作量实在太重，在工作时间内根本无法完成，以至于要牺牲休息时间，那是工作安排上有问题。偶尔一两次还可以，要是加班成了家常便饭，那任何人都不能接受，身体肯定吃不消。

鲁迅先生说："悲剧是将人生有价值的东西毁灭给人看。"套用他的话，"加班是将人生有计划的安排打乱给你看"。没有人喜欢加班，除非他有工作狂倾向。加班不但让自己更加疲惫，而且影响了自己的生活计划。可能你下班以后已经约好了和朋友一起去吃饭，或者一起去买东西，也可能下班以后你要去听讲或去上培训班，这一切都因为可恶的加班而泡了汤。但是人在屋檐下怎敢不低头，尤其是当加班在公司大范围被普及和认可时，你就不得不接受这个现实，既然无法逃避，不如调整自己，学会在加班的夹缝里寻找快乐，试着慢慢适应，让自己快乐地加班。

有时候人们常常会觉得工作累得自己无法承受，实际上累的不是工作本身，而是人的心，如果你换一种心态，积极地去面对工作，你就会发现其实工作并不如想象中那么累，加班其实可以很快乐。比如你可以借加班之机，处理那些被一再推迟的琐碎事情。“细小事物致命论”是一个崭新的工作压力理论，这个理论声称，巨大的压力缘自琐碎事从来没有被完成过。正常下班后，你若能有计划地把在办公室的工作状态稍微延长，当所有的杂事被一一清除，你会发现，原来的“垃圾”或许会变成了有价值的资料。

加班对工作的好处自然毋庸多说，可是说加班还有利于个人健康心态的“建设”，恐怕有人会接受不了。人们把休息、娱乐的时间用来工作，似乎只有一个词可以形容“累”。那么，有没有人告诉你，大多数情况下，累其实是心的专利，心体验出累，不累也累；心如果不累，累也不累。许多人在极度疲乏时没有意识到情绪的作用。他们只是抱怨劳累，而不注意自己是否产生了冷漠和消极的情绪。当你心情快乐、态度积极地做事时，往往不会产生疲劳之感。所以不妨在加班时换一种心态，多看到加班的好处，心情也会好起来。

(1)加班可以凸显勤劳

如果每次必要或不必要的加班，你都能不露痕迹地让老板知道你的辛勤并大加赞赏，那么或许离升迁的日子就不远了。即使一时不能升迁，老板对你的青眼有加，也肯定会带给你一定的“名”或“利”。

(2)加班可以得到周围人的感激

如果你是单身，在帮助那些拖家带口的同事处理后续工作时，收获的不仅是他们全心的感激，还有家人式的关怀，比如要帮你介绍朋友或给你带好吃的以及琳琅满目的礼物。而你自己知道，替他们加班，其实不过是“反正闲着也是闲着”。

(3)加班可以赚取加班费

加班能让你钱包里的钞票再厚一些。就算没有加班费，因为加班而放弃的饭局、娱乐活动(按经济学原理属机会成本)，省下的钱也算是加班间接创造的财富了。

加班的时候，既然身不由己，身受其累，何必再自己折磨自己，带着满腹牢骚去工作呢？既然加班已成定局，与其带着怒气去工作，不如想开些，想着法子让自己心里快乐些。如果你这样想：加班说明我有社会价值，说明我在单位的重要性，加班能让我学到更多的东西，再说，加班不但有补贴可以拿，还能名正言顺地解决掉晚饭的问题，而且省下家里的冷气费、电话费、上网费以及其他若干费用。或许你会突然感到其实加班也不一定全是坏事。

加班的时候，你不妨制造点情调，想着法子哄自己开心。如果条件允许，你可以一边工作，一边打开电脑音响，让悠扬的音乐随风飘荡，让动听的音乐陪伴你度过加班时光。

加班其实也可以很快乐，当你换一种眼光去审视它时，你会发现自己梦寐以求的“快乐工作”原来就在身边。与其赶回家又无所事事，百无聊赖，倒不如加加班，做一些有益的事，反而更有成就感。说起来可能有点庸俗，但加班确实能给你带来看得见摸得着的好处。

第五章

创新工作方法，用精彩的创意化解枯燥

要打破工作的枯燥和沉闷，远离工作的单调和乏味，最好的方法莫过于创新。“苟日新，日日新，又日新”，每一天都是崭新的一天，每一天都有不同的精彩，这样的工作，又怎么会枯燥会单调呢？

1. 工作赢在方法，巧干比蛮干更有趣

不庸讳言，我们很多人做的都是周而复始并不断重复的工作。这对于我们练就精熟的工作技巧无疑是相当有用的，但久而久之，不断的机械重复必然会使我们产生倦怠感，感觉到枯燥和无味。所以，创新工作方法非常重要。因为好的工作方法不仅是获得高绩效和取得突出业绩的捷径，也是摆脱工作枯燥和单调的良方。“巧干胜于蛮干，聪明胜于拼命”，会巧干，不断地创新工作方法，正是促进工作取得优秀成果和摆脱工作枯燥的最有效方法。

很多人都听说过“三十九滴焊接剂”的故事，我们不妨再次引用这个经典的故事。

这是石油大王洛克菲勒的故事。洛克菲勒最早的一份工作是在一家石油公司。由于他学历不高，也没有什么技术，因此，老板只能安排他做一些相对简单的工作，那就是查看生产线上的石油罐盖是否自动焊接封好。

洛克菲勒每天所做的工作就是注视一道工序：装满石油的桶罐通过传送带输送至旋转台上，焊接剂从上方自动滴下，沿着盖子滴转一圈，作业就算结束，油罐下线入库。每天从清晨到黄昏，要过目几百罐石油，不断地重复，也不是一件轻松的事。

一周的时间过去了，洛克菲勒就对这份单调的工作厌烦至极。他觉得如果自己一辈子做这样的工作，无疑是浪费生命。他想过改行，却又找不到别的工作，只好坚持下去。他开始想自己是否可以找点事做呢？有一天，他看着不断旋转的罐子发呆，突然有一个想法闪过脑海：这些罐子旋转一周，焊接剂都是滴落39滴，有没有什么办法使焊接剂减少几滴呢？他开始思考，眼前这简单之极的工作中，是否有什么地方可以改进。

就这样，他开始寻找节省焊接剂的办法，在一番试验之后，他终于研制出37滴型焊接机，但是美中不足的是，该机焊出来的石油罐偶尔会漏油，质量缺乏保障。他的出发点原本是要节省石油，如今却又浪费了石油，这显然是得不偿失的。他没有灰心，开始思考如何改进方案，研制出更好的焊接机。最终，他研制出了38滴型焊接机。公司对他的新发明非常满意，老板说，他简直没有想到一个做着如此简单工作的人能想出这么好的方法，真是一个奇迹。不久公司便生产出这种机器，采用的就是洛克菲勒的焊接方式。

洛克菲勒的新机器虽然只是节省了1滴焊接剂，但是这滴焊接剂每年为公司节省的开支却有5亿美元。最重要的是，洛克菲勒发现了快乐工作的秘密，那就是不断地去寻找最好的工作方法，不断地创新。

巧干是一种分析、判断、解决问题和发明创造的能力，是敏锐机智、灵活精明的反映，也是充满活力、随机应变的智慧。很多发明都是因为发明者忍受不了日复一日、年复一年的辛苦和单调而大胆创新的结果。他们认为总会有更轻松、更快捷、更便宜、更简单和更安全的法子，总能找到减轻工作负担的更好方法，因而他们一再地创新，才有了如此众多的发明。巧干也使他们的工作充满了无尽的乐趣，从而不再枯燥和单调。所以，在工作中，我们要学会积极地去想办法，学会巧干，而不是一味蛮干，更不是投机取巧。

某煤矿的一处山洞正要进行爆破，一切准备就绪后，却发生了意外：一只受惊的小鹿慌不择路地跑进了装满炸药的山洞。

这让爆破人员大惊失色，一方面，他们担心小鹿趴在炸药上，影响爆破的精准度；另一方面，也担心小鹿将雷管的引线踩断。爆破的任务非常紧迫，必须尽快将小鹿弄出山洞。

大家纷纷出主意，有的说进去把小鹿捉出来，有的说干脆将小鹿杀死算了……

很显然，这些都不是最好的方法。

这时候，一位工程师冷静地分析了小鹿跑进去的原因——洞里比较凉爽。“那么，如果山洞里比外面还要热，小鹿是不是就会出来呢？”

的确有道理，于是大家赶紧搬来一个暖风机，开始向洞里吹送暖风。十几分钟后，小鹿出现在了洞口外。大家迅速将洞口堵上，小鹿得救了，爆破也非常成功。

巧干胜于蛮干。这位工程师真是深得巧干三昧的人，用一个小办法就将问题以最理想的方式解决了。在工作中，我们是否问过自己：“我们是在蛮干还是在巧干？我只是在拼命地工作，还是在聪明地工作？”事实上，仅有拼命还不够，我们更需要聪明地工作，创造性地工作！

聪明地工作意味着你要学会动脑，用巧干代替埋头苦干。如果你一味地忙碌以至于没有时间来思考，那是得不到事半功倍之效的。事实证明，要获得高绩效，就要明白“巧干胜于蛮干”的道理，并在工作中以之为指导原则，把巧干用到工作当中去。

(1)抓住事情的关键，有针对性地解决问题

这样就能避免盲目地瞎干，才能高效率地做事。

(2)逆向思维

工作中遇到问题，如果通过正常的思维却找不到解决方法，不妨多进行逆向思考。逆向思维能够拓宽眼界，迅速找出问题的症结所在。

(3)善于总结

我们不难发现，巧干者对问题的归纳、分析和总结能力比常人强，他们总能找出问题的规律性，并善于运用它们，从而达到良好的效果。

(4)收集资料

巧干者懂得在平常的工作中，多收集与工作相关的各种信息资料，包括竞争对手的信息资料，这些都有利于在工作中迅速找到问题的关键。因为任何成熟的业务流程本身就是很多经验和教训的积累，当有需要的时候，就可以信手拈来，大大提高工作效率。

(5)站在公司或老板的角度看问题

在考虑解决问题的方案时，我们通常站在自己的角度去思考问题，但真正懂得巧干的人却总会自觉地站在公司或老板的角度去寻找解决问题的方案。

"拼命干不如聪明干，肯干能干更要会干巧干"。要卖力地工作，更要聪明地工作，才能既不会让工作变得枯燥，自己又能获得最佳的业绩。当你学会巧干，学会主动积极地去想办法解决问题时，你的工作将不再枯燥，它会被你脑子中那些新奇而有趣的想法胀得满满的。你会不断地挖掘更深层次的秘密，积极地去寻找更好的方法，收获也就必然会更大。

2. 避免重复，第一次就把事情做对

说到底，我们感觉到工作的枯燥和无聊，是因为我们每天都在重复着相同的事情。因而要避免枯燥就要避免重复，尽量每天都能有新的事情，新的工作，这样才能让我们持久地保持工作的兴趣。而第一次就把事情

做好、做对、做圆满，正是我们减少重复的最好方法。

也许有人会说：“第一次没做对不要紧的嘛，我可以做第二次，做第三次。”是的，第一次没做对可以重新做第二次，甚至是第三次，但是这样做既浪费时间又会浪费精力，假如没有及时发现错误，还会带来巨大的损失。

有一个朋友是做审计工作的，其专业能力绝对是无可挑剔的。但是在一次划账的时候，一不小心多写了一个零，结果给客户打款的时候就多打了100万元。当公司发现这个错误之后，整个部门迅速行动，费了九牛二虎之力，终于查到了这个数据上的疏漏。接着就是与银行沟通，继而又与客户沟通。最后，在客户的一片埋怨声中，事情总算摆平了。

最终，公司避免了一场巨额的损失，但这位朋友却因此被公司解雇。

第一次没做好，不仅浪费了第一次做事的时间，更浪费掉了返工的时间和精力。就算第二次、第三次能把事情做好，但这划算吗？浪费的人力、物力和时间，都会让我们的效率大打折扣。可见，“第一次就把事情做对”才是保证效率最大化的最有效方式。只有第一次就把事情做对，才能保证损失的最小化，保证事情的零缺陷，更保证我们不必重复做同样的事情，避免加深我们对工作的厌倦。

我们工作中出现的问题，的确只是一些细节和小事上做得不完全到位，而恰恰是这些细节的不到位，又常常会造成较大影响。因而，我们必须要坚守“第一次就把事情做对”的原则，避免重复浪费，才能使我们的工作更有吸引力。

要把事情一次就做对，需要的是认真仔细的态度和尽职尽责的意识，还需要我们有创新的方法，有敢做的勇气。

国内某房地产公司的老总曾回忆道：“1987年，一个与我们公司合作的外资公司的工程师，为了拍项目的全景，本来在楼上就可以拍到，但他硬是徒步走了两公里爬到一座山上，连周围的景观都拍得很到位。当时我问他为什么要这么做，他只回答了一句：'这一次就要做好呀，不可能还来拍一次嘛。'"

这种一丝不苟的态度，就是第一次就把事情做对的重要前提。做事一丝不苟，意味着对待小事和对待大事一样谨慎。生命中的许多小事都蕴涵着令人不容忽视的道理，那种认为小事可以被忽略、置之不理的想法，正是我们不能一次性就把事情做对的根源，它不仅使工作不完美，生活也不会快乐。所以，要发扬一次就把事情做对的精神，认真仔细，精益求精地对待工作，不使工作出现任何的差错，才能减少我们对工作的厌倦，从而激发我们对工作的兴致，使我们的工作越来越优秀。

3. 化繁为简，让工作更轻松

每个人都有一个共同的感受，那就是工作越简单我们感觉越轻松，工作就会越愉快，也越能使我们的工作出效益。所以，工作中还要学会化繁为简，把复杂的工作简单化，才能更加快乐轻松地工作，也才能更容易找到工作中的乐趣。

美国通用电气前CEO杰克·韦尔奇有一句名言："管理效率出自简单。"简单式管理已成为很多企业奉行的管理模式。同时，简化工作也成了人们提高工作效率的重要方法。

简化工作不是减少工作内容，降低工作质量，而是提纲挈领，化繁为简，把繁复的工作简单化，使工作更加轻松易行，效率更高。“莫看萧萧只几笔，满堂风雨不胜寒”，正是化繁为简的真谛。面对复杂的事物和问题，善于化繁为简往往更能迅速抓住最主要、最重要和最本质的事情，寻找最简捷的方式方法，将复杂的问题简单化，将微观的问题系统化，一挥而切中肯綮，一语而抓住要害，一笔而入木三分，任何复杂、混乱甚至枯燥的事情都能处理得井井有条，乐趣横生。所以，善于简化事情和简单办事的人，是不会感到工作的枯燥的。

善于把复杂的事物简明化，办事又快又好，效率高；而把简单的事情复杂化，迷惑于复杂纷繁的现象，使复杂的事物更为复杂，结果只能陷入其中走不出来，从而工作忙乱被动，办事效率极低。而效率越低，必然会使做的人兴味索然，越不愿意把工作做好。如此陷入恶性循环之中，最终使自己厌倦工作。所以，学会化繁为简，让复杂的工作简单起来，不仅非常重要，而且也是使我们保持工作乐趣的重要途径。

巴黎一家现代杂志曾刊登过一个有趣的竞答题目：“如果有一天卢浮宫突然起了大火，而当时的条件只允许从宫内众多艺术珍品中抢救出一件，请问：你会选择哪一件？”在数以万计的读者来信中，一位年轻画家的答案被认为是最好的——选择离门最近的那一件。

这个答案令人拍案叫绝，因为卢浮宫内的每一件收藏品都是举世无双的瑰宝，所以与其浪费时间选择，不如抓紧时间抢救其中一件。

无论我们做什么事，最简单的方法就是最好的方法。繁冗是效率管理的大敌，要想出色、高效地完成自己的工作，我们应当学会把握事物的重点，做到把事情化繁为简。

其实有很多事情并不像我们想象中的那样复杂。

只要我们善于从中找出简化问题的关键，简化工作根本不是什么难事。

有这样一个有奖征答活动，题目是："在一个充气不足的热气球上，载着三位关系着人类命运的科学家。第一位是环保专家，他可以拯救人类免于因环境污染而面临死亡的厄运。第二位是核子专家，他有能力防止全球性的核子战争，使地球免于遭受灭亡的绝境。第三位是粮食专家，他能在不毛之地种植粮食，使几千万人脱离饥荒而亡的命运。此刻热气球即将坠毁，必须丢出一个人以减轻载重，使其余的两人得以存活，请问该丢下哪一位科学家？"

因为奖金数额庞大，征答的回信如雪片飞来。每个人都竭尽所能地阐述他们认为必须丢下哪位科学家的见解。最后，结果揭晓，巨额奖金的得主是一个小男孩。他的答案是："将最胖的那位丢出去。"

在我们为小男孩的答案拍案叫绝的同时，不难得出这样一个结论：任何复杂的现象其实都有他一般性的规律，可以找到简单的分析、处理方式。简单就是找寻规律，把握关键，远离复杂、官僚和中庸。简单化不是粗糙处理，而是找到规律，形成简化的秩序。

如何使纷繁复杂的工作变得简单而又有效率，核心就是找到一种自然秩序。就像一个交响乐团，号手也好，小提琴手也好，如果每个人都知道自己在什么时候正确地做什么事情，那么乐队指挥就会得心应手。同样的道理，只要我们的职工拥有了这样的本领，在工作的链条上不需要提醒和监督就能默契配合，知道该在何时做何事，形成解决问题和处理事情的程序，工作就变得像呼吸一样自然，一样简单了。

当然，真正要实现简单化绝非易事，需要进行一次彻底的心理革命，提高我们将复杂问题简单化的能力，从而较快地寻找到管理的本质和规律，掌握化繁为简、以简驭繁的思想和技巧，使工作轻松自在起来。

有了化繁为简的思想，我们在做任何事情的时候，就不至于把事情过于复杂化。太多的顾虑会让我们走弯路，事情的结果也会和我们的希望不一致。做我们力所能及的事情，是简单有效的选择。在工作中，制订切实可行的计划，认真做好身边的每件事情，你的工作就是有效率的。要避免为了追求高目标，不从实际出发，人为地陷入无休止的繁冗之中。记住："任何问题最可能的解决办法是步骤最少的办法。"所以，我们做任何工作，都要学会化繁为简，找到最简单的方法，才能使我们的工作更轻松，更快乐。而其中的关键是，要坚持按计划按最简单有效的方法，对自己的工作进行分析总结，并采取相应的改进措施，才能找到最简洁的方法，使工作简单起来，并得以大幅度提高工作效率。

美国威斯门豪斯电器公司董事长唐纳德·C·伯纳姆在《时间管理》中提出自己提高效率的一项重要原则——在做每一件事情时，应该问自己三个"能不能"：

"能不能取消它？"

"能不能把它与别的事情合并起来做？"

"能不能用更简便的方法来取代它？"

在这三个原则的指导下，善于利用时间的人能把复杂的事情简明化，办事效率得到很大提高，不至于迷惑于复杂纷繁的现象，处于被动忙乱的局面。

无论在工作中，还是在生活中，为了提高效率，必须放弃不必要或者不太重要的部分，并且把重要的事情进行有序化，能取消的就取消，能合并的就合并，能有更简单的方法，就一定以更简单的方法来做，那么，不论多么复杂繁复的工作，也会被我们轻松处理，完美解决。

4. 工作中的每一个环节都做到细致入微

西方有一句哲言“魔鬼就藏在细节里”，是说很多时候，决定成败的关键往往是那些看似微不足道的细枝末节。所以，对于工作中的任何一件小事和细节都是不容忽视的。只有工作中的任何一个环节都真正的落实到位，整个工作才可以顺利地进行。所以，作为一名员工，无论你负责工作的哪一个环节，都必须密切注意细节工作的落实情况，千万不可对细节掉以轻心。

成立于1763年的巴林银行集团曾是英国伦敦城内历史最悠久、名声最显赫的商业银行集团。在它最鼎盛的时期，巴林银行集团甚至可以与英国整个银行体系相匹敌。由于它在世界金融史上的特殊地位，巴林银行集团被称为“金融市场上的金字塔”。但是，就是这样一家银行集团，最后却毁在了一个叫做尼可·里森的职员手里。

1992年，里森在新加坡担任期货交易员。为了减少总部的工作量，伦敦总部要求里森设立一个“错误账户”，用于记录并自行处理新加坡支行的一些较小的错误。于是里森设立了一个中国文化认为非常吉利的88888错误账户。但在几周之后，伦敦总部又要求所有的支行统一使用原来的99905错误账户来与伦敦总部联系。可里森没有及时销掉这个新设立的88888错误账户，而就是这个被忽略的88888账户，在日后改写了巴林银行的历史。

1992年7月17日，里森手下一名交易员金姆·王，在处理客户的日经指数期货合约时，错误地将“买进”的指令当作了“卖出”的指令，就这样，银行损失了2万英镑。当晚，银行进行清算时，里森发现了这个重大失误。但他没有及时地向总部汇报，反而决定利用“88888”错误账户来掩盖失误。几天后，由于日经指数的上升，银行的损失上升到了6万英镑。可里森依然决定继续隐瞒这笔损失。此后，所有类似的失误都被他记入了88888账户，于是，账户里的数额就像滚雪球一样越来越大。

为了弥补手下员工的失误，急于挽回损失的里森一开始只是蓄意隐瞒，之后铤而走险。而他的举动竟然导致了巴林银行最终的倒闭。一个银行区级职员一个错误举动就可以令一家世界级银行毁灭，可见工作中对任何一个环节都不容忽视，都要做到细致入微？

“大事干不成，小事做不好”，这句话就是对不注重细节和不愿意把小事做好的人最客观的评价和最有力的批评。一个成功的员工是不会忽视任何一个细节的，实现个人理想也好，完成工作任务也好，追求卓越也好，取得进步也好，都必须不折不扣地在细节上下工夫，把每一个细节都做到细致入微才行。

在接到一项任务时，对其中的各种细节都不要产生轻视的心理，要把它看成一件重要的大事。工作时一定要认真、细心，不要以为是平凡的小事，就敷衍了事地应付。你应该像做重要的事一样认真对待，细心扎实地处理好每一个细节和环节，一丝不苟地去完成。这样，你就能借助“平凡小事”的力量推进工作进度，做出不平凡的业绩。

事情不分大小，都应尽善尽美，做到完美无缺为止，否则还不如不做。追求尽善尽美，就是要求人们无论做任何事情，都要竭尽全力，以求得完美无缺的结果。要把细节做到完美，与各个方面都有关系，它是一个复杂的系统工程，但其中最为关键的当然还是身处第一线的每一位员工。员工能否把细节做到完美与员工素质的高低，知识的多少，技能的生熟和责任心的程度以及勇气、勤奋、热情、忠诚，还有是否足够细心等都有关系。

有位医学院的教授，在上课的第一天对他的学生说："当医生，最要紧的就是胆大心细！"说完，便将一只手指伸进桌子上一只盛满尿液的杯子里，接着再把手指放进自己的嘴中。随后，教授将那只杯子递给学生，让这些学生照着他的做法来做。看到每个学生都忍着呕吐，像教授一样把手指探入杯中，然后再塞进嘴里。教授微笑着说："哈哈，不错，不错，你们每个人都够胆大的。只可惜你们不够心细，观察得不够清楚，没有发现我探入尿杯的是食指，放进嘴里的却是中指！"注意观察，把握细节，认真细致地对待工作，才能保证我们把事情做到最好。

细节决定成败，要想把细节做到完美，每一位员工都必须牢固树立"细节决定成败"的观念，坚决克服"螺丝少紧一扣不碍事，垫片少上一个没问题，作业简化一步不算啥"的错误思想和行为。只要立足岗位，从小事做起，从自我做起，从现在做起，关注细节，尽职尽责，严格遵守规章制度，规范自己的每一个动作，认真负责，一丝不苟地把每一件细节、每一道工序和每一个环节做细、做好、做到位、做到完美，就一定可以保证我们取得最后的成功。

只有把工作的每一个细微之处都做到完美，才能避免我们被这些细小的失误缠裹包围，无法脱身，最终厌倦工作，毁掉自己的前途。

5. 拒绝拖延，别让工作追着自己

拖延是成功的天敌。一个人的习惯中最为有害的莫过于拖延。世间有许多人都是为这种习惯所伤害。很多人之所以不成功，都与他们的懒散和拖延大有关系。

恺撒大帝因为接到了报告却没有立刻展读，于是一到议会便丧失了生命。美国独立战争时期，英国的拉尔上校正在玩纸牌，忽然有人递了一份报告说，华盛顿的军队已经到德拉瓦尔了。但他只是将来件塞入衣袋中，等到牌局完毕，才展开那份报告，待到他调集部下出发应战时，已经太迟了。结果是全军被俘，而他自己也因此战死，仅仅是几分钟的延迟，就使他丧失了尊荣、自由甚至生命！

世界首富比尔·盖茨说，凡是将应该做的事拖延不立刻去做，而想留待将来再做的人总是弱者。凡是有力量、有能耐的人，都会在对一件事情充满兴趣、充满热忱的时候，就立刻迎头去做。

当你对一件事情充满兴趣热忱浓厚的时候去做，与你在兴趣和热忱消失之后去做，其难易、苦乐是不能等同而语的。因为当你充满兴趣、热忱浓厚时，做事是一种喜悦；而当兴趣、热忱消失时，做事是一种痛苦。而拖延的唯一好处，就是帮助你消灭热忱！所以，请务必拒绝拖延，立即开始行动。

2004 年 4 月 5 日《商业周刊》评出的 50 家标准普尔表现最佳公司中，埃克森一美孚排名第二十三位，并在《财富》评出的全球 500 强中排名第二。2003 年，公司利润为 215 亿美元，比 2002 年增长 91%，股东回报达到 115 亿美元。

在这家公司领导的办公室里几乎都悬挂着一个显著的数字电子白板，白板上一直显示着一段话："决不拖延！如果我拖延下去，我将会怎么样？如果将工作拖到以后再去做，那么会发生什么？""决不拖延"是这家公司员工行为的重要准则之一。公司负责人解释说："决不拖延，我们就可以轻松愉快地生活和娱乐。”

很多公司现在都推行日事日清工作法，也就是今天的事情必须今天完成。日事日清，今日事今日毕，要求每一个员工都制订自己每日的工作时间进度表，记下事情，定下期限，每天都有目标，每天都有结果，日事日清，日清日新。海尔公司的“日日清”目标管理法是日事日清法的一个典型代表。

海尔在实践中建立起一个每人每天对自己所从事的工作进行清理、检查的“日日清”控制系统。案头文件，急办的、缓办的、一般性材料摆放，都是有条有理、井然有序。临下班的时候，椅子都放得整整齐齐。

“日日清”系统包括两个方面：一是“日事日毕”，即对当天发生的各种问题（异常现象），在当天弄清原因，分清责任，及时采取措施进行处理，防止问题积累，保证目标得以实现，如工人使用的“3E”卡，就是用来记录每个人每天对每件事的日清过程和结果；二是“日清日高”，即对工作中的薄弱环节不断改善、不断提高，要求职工“坚持每天提高1%”，70天工作水平就可以提高一倍。

对海尔的客服人员来说，客户对任何员工提出的任何要求，无论是大事，还是“鸡毛蒜皮”的小事，工作责任人必须在客户提出的当天给予答复，与客户就工作细节协商一致。然后毫不走样地按照协商的具体要求办理，办好后必须及时反馈给客户。如果遇到客户抱怨、投诉时，需要在第一时间加以解决，自己不能解决时要及时汇报。

今天的事情必须今天办完，这是拒绝拖延的好方法。搁着今天的事不做，想留待明天去做，这种坏习惯是一天一天腐蚀我们的工作热情的毒液。一旦养成拖延的习惯，我们就不得不每天都收拾以前积累下来的事情，每天都被上司追着问，被工作追着跑，累得气喘吁吁，不堪其重。以至于对工作产生一种厌倦感。要是当初不拖延一下子就可以很愉快、很容易做好的事，拖延了几天或几星期之后，就显得讨厌与困难了。比如你接到一封信，当时立刻回复最为容易，一旦拖延几天之后，你回复的兴致会因此大减，甚至不了了之。其他的工作其实也是这样，一接受任务就立即行动的话，你会充满激情地去完成，完成的效果也是最好的。

避免拖延的唯一方法就是随时开始行动，而随时开始行动可以从以下方面入手。

第一，确定一项工作是否非做不可。有时，我们感到一项工作不重要，于是做起来就拖拖拉拉。如果这项工作真的不重要，就把它取消，而不要拖延后又后悔。有效分配时间的重要一环，就是把可有可无的工作取消掉，把日程表中乱七八糟的东西清除掉。

第二，把工作委托给其他人。有时候，工作是能完成的，但是你不喜欢做或不愿意做，或许与你的个性或专长有关。这时，如果你把工作委托给一个更适合、更乐意去做的人，你和他都会成为赢家。

第三，弄清楚有什么好处，然后行动起来。我们往往因为看不到完成一项任务有什么好处而拖拖拉拉，也就是说，我们做这项任务时付出的代价似乎高于做完工作后得到的好处。应付这个问题的最佳办法是从你的目标与理想的角度分析这项工作。有了重大目标，你就比较容易拿出干劲儿，去完成有助于你达到目标的工作。

第四，养成良好习惯。有拖沓习惯的人，要完成一项任务的一切理由都不足以使他们放弃这个消极的工作模式。如果有这个毛病，你就要重新训练自己，用好习惯来取代这个坏习惯。每当你发现自己有拖沓的倾向时，先静下心来想一想，确定你的行动方向，然后再自我提醒最快能在什么时候完成这个任务，给自己定出一个最后期限，然后努力遵守。渐渐地，你的工作模式就会发生变化。

第五，建立时间有限的观念。可以想象你只剩下一年的生命，说服自己这是真的，并将它化作激励你前进的动力。如果没有效果，就把时间缩短至六个月，或者只剩一个月。我们都无法得知自己什么时候生命会结束，这样的不确定性让我们以为自己拥有无限的时间，但事实上生命相当短暂，请随时保持着时间有限的心态，把握今天，掌握当前，立即行动。

只有拒绝拖延，日事日清，才能不被工作追着跑，才能轻松掌控工作，让工作更轻松更惬意，变得有滋有味。

6. 多想点子，把枯燥的工作干出新意

枯燥的工作只要我们愿意多想一些创新的点子，把工作干出新意来，也会变得乐趣无穷，甚至还会给我们带来意想不到的回报。

有一位名叫乔治·赫伯特的推销员，成功地把一把斧子推销给了小布什总统。布鲁金斯学会得知这一消息，把刻有“最伟大的推销员”的一只金靴子赠予了他。这是自1975年布鲁金斯学会的一名学员成功地把一台微型录音机卖给尼克松以来，又一学员获得了如此高的荣誉。

布鲁金斯学会成立于1927年，以培养世界上最杰出的推销员著称于世。它有一个传统，在每期学员毕业时，设计一道最能体现推销员能力的实习题，让学员去完成。在小布什当政期间，他们出了这样一道题：“请把一把斧子推销给小布什总统。”

鉴于以前的失败和教训，许多学员知难而退。有的学员则认为，现任的总统什么都不缺，即使缺也用不着他们亲自购买。再退一步讲，即使他们亲自购买，也不可能正赶上你去推销的时候。

但是，乔治·赫特伯却不这么想。在一位记者采访他的时候，他是这样说的："我认为，把一把斧子推销给小布什总统是完全可能的。因为，布什总统在得克萨斯州有一农场，那里长着许多树。于是我给他写了一封信，信上是这么写的：'有一次，我有幸参观了您的农场，发现那里长着许多矢菊树，有些已经死掉，木质也已经变得松软。我想，您一定需要一把小斧头，但是从您现在的体质来看，这种小斧头显然太轻，所以您仍然需要一把不甚锋利的老斧头。现在我这儿正好有一把这样的斧头，它是我祖父留给我的，非常适合砍伐枯树。如果您有兴趣，请按这封信所留的信箱，给予回复……'最后他就给我汇来了15美元。"

乔治·赫伯特推销成功后，布鲁金斯学会在表彰他的时候说："金靴子奖已空置了26年。26年间，布鲁金斯学会培养了数以万计的推销员，造就了数以百计的百万富翁，但这只金靴子之所以没有授予他们，是因为我们一直想寻找这么一个人。这个人从不因有人说某一目标不能实现而放弃，从不因某件事情难以办到而不去寻找方法。"

这种具有挑战性的工作，是最容易激发员工兴趣的事情！一旦想到好的"点子"，攻克这样的难题，那种满足的快乐更是任何东西都无法代替的。所以，多想点子，多动脑筋，就会让工作生动有趣起来。

心中有了点子，工作才有路子。有了路子，当然什么困难都不再是困难，什么问题也都可以解决，什么工作都可以做得最好。

人人都品尝过芝麻蕉，当提到芝麻蕉的时候，我们也许会不由自主地回味起它的香甜，但是否知道它的由来呢？

在美国的一个小镇，有一位在市场上卖香蕉的小贩，由于他人缘特别好，再加上他所卖的香蕉品质上乘，所以生意一直非常好。有一天，在市场的一个角落突然冒出了火苗，并四处燃烧起来，还好，消防车来得快，很快地把火扑灭了，所以火苗并没有烧到这位卖香蕉小贩的摊位。但是由于温度过高，隔了没多久那些香蕉的表皮上全都长满了一些黑色的小斑点，虽然肉质并没有变坏，但是看起来总是不雅，谁还会买来吃呢？

小贩眼看着就要亏本，心中十分懊恼，问题既然发生了，总是要解决的，他相信一定会有办法。就在他一筹莫展地望着香蕉的时候，突然灵感闪现，他想香蕉上长满了黑色小斑点，远远看去就好像芝麻撒在香蕉上一样，既然如此，为什么不给它取个“芝麻蕉”的新名称呢？这样做的结果引起了大家的好奇，他们相信这种香蕉一定是更香更甜，味更美，于是争相购买。

点子是创造力的体现，它能为我们选择事业和开创事业指出一条又一条可行的路子。没有点子，则心中茫然，眼中荒芜，即使抱着对工作一万分的激情，也找不到下手的地方。工作成绩，事业成就又从何谈起？所以，多想点子，不仅能让枯燥的工作变得有趣起来，也是我们获得成功的重要基础。

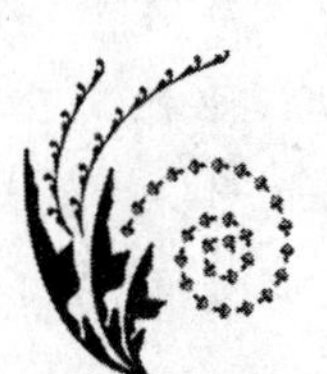

7. 勤于思考，用独特的创意缔造工作的奇迹

勤思出智慧，多想能创新。只有那些勤于思考、善于思考，并且边工作边思考、边创造的人，才能真正把自己的智慧潜能挖掘出来，让智慧的光芒改进工作，促进发展。

毕昇是我国北宋时一个优秀的老刻字工人，他的手艺很精巧,由他刻的木版印出来的书很受欢迎。但是,他在长期的艰辛劳动中深深地感到雕版印刷有很多缺点,于是他经常苦苦思索要设法改进它。有一次,他看见孩子用粘土做成骰子,放在炉火上烤干,就可以拿去玩了。他触景生情,反复思索,心想:“假如把印书用的字,也刻得像骰子一样一个一个的,该多方便!”他经过长久地细心钻研,终于发明了活字印刷术,成为我国古代科学四大发明之一。

不论什么工作,都需要我们用心好好思考。没有思考的工作,再勤奋敬业也会业绩平平,甚至留下终生的遗憾。而带着思考去工作,则会找到最好的方法,解决工作中的难题。

一家规模不大的建筑企业在为一栋新楼安装电线。在一处地方,他们要把电线穿过一根长10米,但直径只有3厘米的管道,而且管道是砌在砖石里,并且弯了4个弯。这对非常有经验的老工程师来说都感到束手无策,显然,用常规方法很难完成任务。最后,一位刚刚参加工作不久的青年工人想出了一个非常新颖的主意:他到市场上买来两只白鼠,一公一母。然后,他把一根线绑在公鼠身上,并把它放在管子的一端。另一名工作人员则把那只母老鼠放到管子的另一端,并轻轻地捏它,让它发出吱吱的叫声。公鼠听到母老鼠的叫声,便沿着管子跑去救它。它沿着管子跑,身后的那根线也被拖着跑。因此,工人们就很容易把那根线的一端和电线连在一起。就这样,穿电线的难题顺利得到解决。

所谓创意,就是开阔思路,不断开发新点子,想人之所未想,为人之所不能为,出奇制胜的想法和行动。毫无疑问,创意是需要思考的。只有思考,唯有思考,才能出新,才能创造,才能发明,才有人类科技和文明的不断发展和进步。可以说,“思考”是人类向科学进军的先导,是探索大自然秘密的侦察兵，是创造发明之花的阳光雨露，是攀登科学顶峰的阶梯。创意不仅是缔造奇迹的活水源头，更是点石成金的财富魔棒。有时候只不过是一个简单的创意，就会带来惊人的财富。

在20世纪20年代初，巴柴每年冬天都和一些朋友到冰封了的纽芬兰海岸去钓鱼，每次都能钓很多，钓上来的鱼放在冰上立即就会冰冻起来。因为一次吃不完，巴柴就把多余的鱼带回家。

几天后，当他要吃带回家的鱼时发现，如果鱼身上的冰不融化，即使经过几天，鱼的味道也不会变。于是他再进一步试验肉和蔬菜冰冻的结果。他发现，竟也跟冷冻鱼一样能保持新鲜。

后来他又锲而不舍地反复实验，进一步得知，食物冰冻的速度和方法不同，会使冷冻后的味道和新鲜度产生少许的差异。如果冰冻得不好，就会失去原来的味道和新鲜度。经过几个月的摸索后，他终于研究成功不会失去原来新鲜度的冰冻方法。

1923年8月，巴柴把自己无意中"捡"来的发明拿到专利局申请"冷冻法"专利，然后卖给美国通用食品公司，以三千万美元成交。于是，巴柴在短短几个月内成了大富豪。

冬天在冰封的海边钓鱼的人很多，他们钓起来的鱼也是很快就冰冻了，但谁也没有对这种司空见惯的现象引起注意，更不用说用心思考了。只有巴柴从中找到了冰冻法的创意，也因此只有他能一举成为富豪。这就是创意的神奇所在，也是创意的魅力所在。

善于思考的员工大多具有一种超越于一般人的思维模式，那就是创新思维。创新思维指的是开拓、认识及发现、研究新领域的一种思维。简单地说，创新思维就是有创见的思维，是人们在已有的经验的基础上，从某些事实中更深一步地找出新点子，寻求新答案，发现新路子的思维。这样的思维往往能缔造出工作的奇迹。

在浙江东部有一个风光旖旎的小岛，名叫鹿儿岛。因其气候温和，岛上鸟语花香，吸引了大批来自各地的观光游客。有一位名叫刘元的温州商人，看中了这块宝地，便在这里选取了一块光秃秃的山坡，修建了一座豪华气派的鹿儿岛度假村。但由于度假村地处秃坡，一些投宿的观光客总觉得有些扫兴，建议刘元尽快绿化此坡，改善度假村的环境。虽然刘元觉得这个建议好是好，但度假村里人手少，资金又不足，要栽树不知栽到哪年哪月才能栽完。不过刘元毕竟是个温州人，天生就是做生意的料，他脑子一转，立即想出了一个高招。

时值植树节，他迅速在各大媒体打出一则这样的广告：

各位亲爱的游客：

你想在鹿儿岛留下永久的纪念吗？那么，请到鹿儿岛度假村的山坡上栽上一棵纪念树吧，以纪念你的新婚或旅行！

这一招果真管用，很快就得到了观光旅客的热烈回应。那些常年生活在大都市的城里人，在废气和噪音中生活久了，十分渴望到大自然中去呼吸一下新鲜空气，休息休息，如果能亲手栽上一棵树，留下“到此一游”的永恒纪念，那是很有意义的。于是各地游客都纷纷来鹿儿岛度假村的山坡上栽树。

一时间，鹿儿岛度假村变得游客盈门，热闹非凡。当然，刘元并没有忘记替栽树的游客准备一些花草、树苗、铲子和浇灌的工具，以及一些为栽树者留名的木牌，并规定：游客栽一棵树，鹿儿岛度假村收取十元的工本费，并在木牌上写上大名，以示纪念。这是很有吸引力的赚钱高招，到此一游的人谁不想留个纪念？因此，一年下来，鹿儿岛度假村除食宿费收入外，还收取了栽树费数百万元。几年以后，随着幼树成材，荒秃的山坡绿化了，刘元也因此发了大财。

工作是一个复杂的过程，需要努力和勤奋，需要主动和认真，但最需要的还是大脑思考，是在工作中融入自己的智慧和思想，才能把工作做得更好更完美。所以，工作的趣味并不在于工作本身，而在于工作的过程，在于你怎样去对待工作，怎样去处理工作，怎样运用自己独特的创意，真正缔造出工作的奇迹，收获工作的成绩和乐趣。

8. 大胆创新，别怕打破条条框框

所谓创新，就是独辟蹊径，就是别出心裁，就是打破既有的一切，走出一条新的路子来。因循守旧、墨守成规，缺少新的思路，缺乏破旧的勇气，只在“守”字上做文章是达不到目的的。要想获得百分之百完美的成功，就要有百分之百的创新精神，就要不怕陈规旧俗，要敢想敢做，敢于打破一切常规，才能真正突破旧有的思维，找到新的路子，取得新的成功。

2007 年春节前，有一个叫孟智的拜年照片，几乎在一夜间出现在北京 1800 多家公共厕所里。

这些照片是在夜深人静的时候被悄悄挂上去的，男厕所有，女厕所也有。谁也没想到精心策划这件匪夷所思的事情的人，不是别人，就是照片中的男子孟智本人。

很多人认为孟智这样做的目的是为了标新立异，哗众取宠。但孟智自己并不在乎别人的看法，他觉得这是件特别自豪的事情。“把照片挂进厕所里，是我的一个创意。”孟智兴奋地说道。

公共厕所在孟智的眼里是一块风水宝地，这个结论是他三年前在一家火锅店吃饭时得出的。

2005 年初春的一天，孟智和一帮朋友在常去的火锅店聚餐，席间上厕所时，小便池上方的一幅漫画吸引了他的注意。早在半年前，孟智第一次来这里就看到了这张漫画。

半年间，孟智每次来都要盯着这张漫画仔仔细细地看一遍。这次也不例外，孟智从上到下，从左到右，又认认真真地看了一遍，越看越兴奋。

孟智激动地跑出洗手间，回到餐桌问他的几个朋友，洗手间里挂的是什么。朋友们脱口而出，漫画啊，还把漫画里的内容描述得清清楚楚。朋友们的话音未落，孟智已经箭一般地冲出去，马上找到了火锅店的老板。

"我说你这漫画为什么不换啊?"经孟智一提醒，老板才想起来确实有很长时间漫画没有更新了。"我帮您换吧，定期换，不收钱，免费的。"孟智对老板提出了这个建议。

天上也有掉馅饼的时候，既不用自己费心也不用花钱，对于这种好事，老板岂有不答应的道理?

万事开头难，孟智的第一步成功跨出。免费给别人换漫画，不是孟智的一时冲动，他之所以有这样的想法，源自有次他与朋友在火锅店的聊天。

那天朋友们突然聊到上厕所无聊的话题，都坦言那时候书、报纸甚至墙上的缝隙都会成为研究的对象。孟智紧跟一句："如果把漫画换成一幅广告，你们看不看?""看，不看这个，能看什么?"朋友的反问让孟智萌发了在厕所做广告的创意。

"就是把洗手间这个位置包下来，挂上我们的载体，宣传我们的客户，赚取我们的利润。"孟智简洁的话语把创意解释得明白易懂。

说干就干，2005 年 3 月，孟智辞去了银行的稳定工作，满世界寻找中意的厕所。孟智对自己的创意充满信心，风风火火地就干起来了。短短的四个月，北京地图上，各个色块区域内的餐饮酒店，甚至连写字楼和商场都被孟智走遍，他将 3.8 万多个厕所收入囊中。

工作辞了,公司注册了,厕所物业谈完了。半年不到,孟智的亮角落传媒公司风风火火地成立了。

四个月一眨眼就过去,合作的厕所找了一大堆,广告客户却迟迟不见登门,原本信心十足的孟智也开始忐忑不安起来。他心里清楚,只是帮客户将广告放到厕所里,这样的定位会局限广告主的范围,并不是所有的广告主都愿意选择这么一个广告位。

就在孟智为亮角落的出路担心不已的时候,电话响了,一个家纺生产商告诉孟智他要在亮角落投一个月的广告。和火锅店老板谈妥的四个月之后,孟智终于将他精心设计的广告牌,挂进了火锅店的厕所里,其实不止是这家火锅店,孟智还将他的广告挂进了北京1800多家合作的厕所里。

家纺的广告一出,很多商家闻讯找到了孟智。上门的客户多了起来,韩国的三星集团打来电话,要在亮角落为三星的厨卫石材做推广。

三星要做的广告投放量相当大,把整个北京城全覆盖了。这个单子相当于亮角落前半年的订单总和。突如其来掉下这么大的馅饼,公司上下都兴奋异常。

几万个广告牌一夜之间铺进了各个楼盘。仅仅过去了一天,三星的热线电话就此起彼伏,甚至连孟智的亮角落的电话也响声不断。三星中国分部的负责人和亮角落签下了长期的年度服务。

与三星合作成功之后,出乎所有人的意料,一个又一个的名牌先后挤进了厕所这个小角落,孟智的亮角落火了。

一年后,整个中国除了西宁以外的所有省会城市和地级市,全部被孟智的亮角落覆盖。在这个不足方寸的小角落,孟智做成了全国第一。越来越多的人了解了亮角落,理解了孟智的厕所文化和厕所经济。

三星、智联招聘还有荣威汽车,在所有人嗤之以鼻的厕所小角落里,一个又一个的著名品牌先后登场。在生存如烧钱的媒体行业里，第一年就实现盈利上千万，亮角落火了，孟智富了。

一个优秀的员工就应当具备这种敢想敢作敢为的精神，开动脑筋，勤于思考，开发创意，就能走出一条别人没有走过的路，破除清规戒律，打碎条条框框，给自己带来成功。

2002年2月，时值春节，时任蒙牛液体奶事业本部总经理的杨文俊在深圳沃尔玛超市购物时，发现人们购买整箱牛奶搬运起来非常困难。

由于当时是购物高峰，很多汽车无法开进超市的停车场，而商场停车管理员又不允许将购物手推车推出停车场，消费者只有来回好几次才能将购买的牛奶及其他商品搬上车，这一细节引起了杨文俊的重视。

此后，杨文俊就不断在思考这件事情，想着怎样才能方便搬运整箱的牛奶。

一次偶然的机会，杨文俊购买了一台VCD，往家拎时，拎出了灵感："一台VCD比一箱牛奶要轻，厂家都能想到在箱子上安一个提手，我们为什么不能在牛奶包装箱上也装一个提手，使消费者在购物时更加便利呢？"

这一想法在会上一经提出，就得到了大家的认同，并马上得以实施。

这个创意使蒙牛当年的液体奶销售量大幅度增长，同行也纷纷效仿。

敢想敢做，敢于破除一切束缚，这本身就需要勇气，更需要智慧。所以，一个善于思考和勤于思考的人，还要有打破一切规则的勇气和毅力，才能真正把智慧和思想融入工作，从而更好地促进我们的工作，使工作更出彩、更出成绩。也就是说，一个敢于破界，敢于向一切挑战，不畏惧任何阻碍的人，定会拥有闪亮的人生。

创新的关键就在于打破常规，突破定势，敢想敢做敢挑战。在人们的思维中，西瓜是圆的，然而，国外却开发出了方形西瓜，不易滚动，占据空间小，运输、储存和装卸都方便多了，其独特和新奇当然可以吸引更多的消费者，这就是破界带来的效果。只要破了界，看到的必将是另一个崭新的天地。

在美国新墨西哥州的高原地区，有一位叫威廉的在那经营苹果生意。他种植的“高原苹果”味道好，无污染，在市场上很畅销。可是有一年，一场冰雹袭来，把满树苹果打得遍体鳞伤。而威廉已经预订出了9000吨“质量上等”的苹果。这突如其来的天灾给了威廉重重的一击！辛辛苦苦一年的成果，就这样被毁了不说，还有可能因此而背上沉重的债务。但威廉不甘心这样，他要把“无利”变为“有利”，把“危机”变为“良机”。他仔细察看了受伤的苹果，立刻想出对策。他指定了这样一段广告词：“本果园生产的高原苹果清香爽口，具有妙不可言的独特口味；请注意苹果上被冰雹打出的疤痕，这是高原苹果的特有标记。认清疤痕，谨防假冒！”结果，这批受伤的苹果极为畅销，以致后来经销商专门请他提供带疤痕的苹果。

一个忠诚敬业的员工就应当具备这种敢想敢做敢破界的精神，开动脑筋，勤于思考，开发创意。一旦能把“化腐朽为神奇”的创意包装推广出来，“废品”也会变成“宝贝”。聪明的人不但能把死马救活，还能让它比平常的马跑得更快。这种额外的增值是靠什么凭空多出来的呢？靠的是头脑里的“花招”，就是打破思维定式后的“点子”，是脑力激荡的硕果，是头脑风暴的奇迹，是破除清规戒律，打碎条条框框以及不按牌理出牌的完美结局。

工作中有很多员工习惯于遵从书本或经验，不敢有丝毫的逾越。这样的员工从遵章守纪的角度而言，算得上是好员工。但如果从创新突破的角度来看，则难免会落入守旧的窠臼，使工作落入死板和单调之中。所以，不要总是只凭着经验或感觉去做，或者去听别人怎么说，看书上怎么写，而是在经验、知识和“听人说”“翻书看”的基础上，通过自己的思考来辨别真伪，判断优劣，制定决策，寻找方法，这样就不会落入经验、知识和书本的陷阱。因为不论是经验、知识还是书本甚至权威，其判别事物的能力都是有限的，都有它们自身的局限性。过去的经验放到今天，不一定还适用；权威的思想只说明某一方面他是权威，却并不代表他对所有的事情都权威；书上的知识是死的，而你的工作是不断变化的，书本上的知识如果生搬硬套的话，注定是要吃亏的，古人有言“尽信书，不如无书”就是这个道理。

有位拳师，熟读拳法，与人谈论拳术滔滔不绝。拳师打人，也确实战无不胜，可他就是打不过自己的老婆。拳师的老婆是一位不知拳法为何物的家庭妇女，但每每打起来，总能将拳师打得抱头鼠窜。

有人问拳师：“您的功夫都到哪儿去了？”

拳师恨恨地道：“这个死婆娘，每次与我打架，总不按路数进招，害得我的拳法都没有用场！”

拳师精通拳术，战无不胜，可碰到不按套路进攻的老婆时，却一筹莫展。

“熟读拳法”是好事，但拳法是死的，如果盲目运用书本知识，一切从书本出发，以书本为纲，脱离实际，这种由书本知识形成的固定认识反而使拳师遭到失败。所以，要创新还要勇于突破书本的束缚。

经验定势也要突破。经验可以解决一定的问题，但如果太相信经验，又往往会落进经验的陷阱而让自己吃尽苦头。

在一场大战中，一方的军备严重不足，急需补给。一名自以为是的将官心生一计，何不效仿孔明“草船借箭”，趁着夜黑风高，也借些箭来以解危机。于是几十只小船以孔明之计暗暗靠近，呐喊虚攻。敌方闻得进攻声，密集放箭，这一方心中暗喜。谁知敌方首领忽然改了主义，急令撤箭，而是用强弩套上飞石还击……最终几十只小船无一回航。

经验重要，但只守着过去的经验，不知道改进和变革，注定会吃亏的。只有学会从经验中吸取有益的营养，找寻更好的方法，变通地运用经验，哪怕换一个角度，变一种说法，都有助于我们解决工作中的问题，提升工作效率。

例如过去用冰箱都是冷冻室在上面，冷藏室在下面。日本夏普公司进行了换位思考，发现用户对冷藏室用得较多，还是放在上面方便。于是设计时换了个位置。但由于冷空气往下走的特性，改变设计后冷冻室的低温不能很好地利用，比较费电。研究者又接着思考，如果想办法让冷空气往上走问题不就解决了吗？于是，在冰箱内安上排风扇和通风管，将下面的冷空气提升到上面的冷藏室。经过条件转换思考，新型电冰箱既使用方便，又保留了原来省电的优点，受到用户的欢迎。

创新是一个永远不老的话题。创新并不是少数几个天才者的权利，每个人都能创新，关键就在于我们是不是能打破那些固有的思维和既有的囿限，突破条条框框，打破陈规旧矩，跳出习惯性的思维，抑制经验主义的放浪，真正从创新的角度来对待我们的工作。改变我们的思路，不仅能使我们的工作更有起色，也会使我们的思维更加活跃，更能突显工作的创造性和趣味性，使我们更喜欢工作，更乐于工作。

第六章

把工作做出成绩，成绩越多乐趣也会越多

任何工作，只要我们做出成绩来，都会带给我们许多乐趣，成绩越多乐趣也会越多。因为每一点细微的成绩，都会让我们感受到自己的价值和意义，让我们对自己、对工作、对未来都充满信心，心甘情愿地为工作投入心血和精力，孜孜不倦地钻研工作，全心全意地热爱工作，工作自然而然会成为我们最大的乐趣。

1.

工作有成绩，心中更有兴趣

不管做什么工作，只要做出成绩来，得到肯定和表扬，我们的兴趣就会越来越浓，哪怕是别人认为最没有前途、最枯燥无味的工作，我们也会干得津津有味，乐此不疲。所以，把工作做出成绩，实际上是对抗工作单调和枯燥的最有力的武器，也是感受到工作幸福的重要途径。

下面我们来听听一位老师的感悟：

作为一名幼儿园老师，时常听到同行在抱怨：工作太繁琐，太单调，让人厌烦。孩子太吵，每天写教案、做教具，回到家连自己的孩子都懒得管……我也深有同感，幼儿园工作不比小学、中学，除了传授知识外，我们更像一个唠叨的妈妈，每天管理三十几名孩子的吃喝拉撒睡，稍有不慎就出问题，久而久之，绷紧的神经都无法松懈。

但是一本《教师的幸福人生与专业成长》的书，让我改变了自己“在职怨职”的心态，逐渐在工作中找到了真正的乐趣和幸福。

当我看到孩子从入园时的哭哭啼啼到现在的蹦蹦跳跳，心中的幸福感便油然而生——上幼儿园是孩子踏入社会的第一步，我在他们的人生中充当了非常重要的角色。他们喜欢我、信任我，愿意靠近我，向我倾诉，这就是一名幼儿园老师的价值所在，也是乐趣的源头。我教他们学知识，交朋友，教他们探求世界的奥秘，帮他们成为一名自信、勇敢和坚强的人，不要计较在这个过程中我付出了多少情感，得到了多少回报，当看到他们一个个长得高高壮壮的，在某一个路口亲切地叫你一声“老师”，那就是一个教师最大的幸福。

当撰写的论文被刊登、指导的学生在比赛中获奖，当学生们取得良好的成绩，当家长们给我衷心的感谢……一点一滴哪怕微小的成绩，都会给我带来无尽的兴味和幸福。我对工作的兴趣更大了，我开始爱上我的工作，开始沉迷于我的工作，为自己的工作骄傲，更为自己的工作付出更多的努力。我不再抱怨自己的努力与成绩、金钱不成正比，那一句句衷心的感激，那一次次真诚的表扬，一本本鲜红的证书，就是最大的幸福！

于是，我爱工作，只有能工作和有工作的人才是幸福的人。工作可以让我不记得尘世的一切喜怒哀乐，让我抛却所有的浮躁，让我的心灵重回宁静的港湾。在工作中，我寻求到了快乐，肯定着自己的智慧；在工作中，我体会到了自己的价值，感觉到了自己的升华，也找寻到了工作的乐趣。工作于我而言就是一件幸福的事情！

是的，不管做什么工作，如果几十年如一日，永远没有起色，没有成绩，也得不到肯定，任谁也会被时间的刀锋削去工作的激情，陷入枯燥和厌恶的深渊里。但如果每一天或是每一个月甚至隔一段时间，都能做出一点成绩，获得肯定，我们也不至于失去对自己的信心和对工作的兴趣，哪怕这样的成绩微小之至，微不足道。当然，成绩越多，对我们的鼓励越大，使我们对工作的兴趣越浓，也就能更加努力地工作，做出的成绩也会越多。一旦进入这样的良性循环，我们的工作将不再是枯燥单调的劳役，还会成为我们最离不开的幸福之源。

万里石集团董事长胡精沛，就像他的名字一样，是一个精力充沛的中年人。但谁也想不到，这位对石头近乎疯狂的喜欢、成绩卓越的中年人，曾经是很多人眼中的"书呆子"。

胡精沛研究生毕业后，放弃了原本很好的国企工作，却来到了一个小公司甘愿从一个业务员开始做起。很多人认为，胡精沛肯定是疯了，要不他为什么放着好好的轻松的工作不做，非要跑去做什么业务员呢，累死累活的！当听到朋友和亲人这样说的时候，这位文质彬彬的"书呆子"总会微笑着回答："工作岂能用轻松来衡量，要想幸福要想有所成就就要付出自己的努力，做出一些成绩。国企工作是轻松，但我怕咖啡和闲聊耗去了我的时间和精力啊。而业务员可以让我看到我付出努力后取得的成绩，工作有成绩，心中才会幸福！"

现在，胡精沛早已事业有成，而且人们总能从他脸上看到幸福的微笑。当记者问起他成功与幸福的秘诀时，这位已是国内石材出口量最大的民营企业家说："唯有埋头苦干，才能出人头地，唯有把工作做出业绩，才能心中有幸福！"有着研究生学历的高材生之所以甘愿只当个业务员跋山涉水找石头，为的就是厚积薄发。从小生长在湖南的胡精沛是地道的曾国藩的老乡，有着浓厚湘商味的他与曾国藩倒有几分相似，对于自己的事业从来就不掩饰内心的热情。工作之初，胡精沛做的工作是全流程：跑原料、搞品管、跑海关、码头等，经常睡在堆场和矿山。但是他从来不觉得这样很苦。进公司的第一年，胡精沛把省内产石头的山几乎都跑了个遍；两年后，他从一个普通的业务员升为部门经理。"20 多年了，几乎每天都和石头打交道，很少感到厌倦。"他疯狂地爱着石材经营，并不断用石头谱写了一曲又一曲的传奇之歌。

1998 年，万里石登陆美国石材市场之都埃尔布顿，并设立了 SINOSTONE 公司，首开中国石材"走出去"之纪录。2003 年，万里石在南非投资设立石材加工厂，再次开创中国石材"走出去"办厂的先河。2005 年 9 月，万里石与欧盟某著名石材企业成功合资合作，实现强强联手，并先后与国外客商设立了6家中外合资企业。

今天的万里石，已经拥有7座矿山、10家工厂、3家物流公司和20家下属企业，短短十几年资产总额增长了100倍，上缴利税超过5000万元人民币，累计创汇5亿多美元。但胡精沛并没有就此停步，当谈到万里石未来的目标时，他毫不犹豫地说："要做就做全球石材行业中最好的企业，要知道我心中的幸福就来自于我的工作成绩呀！"

不管你从事的什么工作，作为一名员工，如果整日碌碌无为，没有任何成绩，你如何能从工作中感受到幸福，又怎么能对你的工作保持持续的兴趣和激情呢？日复一日单调枯燥的工作，只会让你越来越提不起兴趣，越来越不愿意投入到工作中去。最终的结果，只会被公司淘汰或是被工作抛弃。

工作有成绩，心中才有兴趣，成绩越多，幸福越多。这也是职场的幸福法则之一：当你取得的成绩越大，对于公司来说你就越有价值，而越能找到自我价值的人往往越容易感受到幸福。

邹金斌是梦迪妮鞋业有限公司的一名员工。2004年，当公司正式成立时，邹金斌从温州一家鞋业应聘到厂里做了一名品检员。刚参加工作的邹金斌血气方刚，工作起来就像小钢炮一样地往前冲，不管是做人还是做事，上下都非常满意。或许正因为自己的成绩得到了肯定，邹金斌的积极性非常高，工作起来也总是满脸笑容，工作也越干越出色。

经过几年的历练，邹金斌的工作能力有了很大的提高，并被提拔成为了针车A线的负责人。虽然是刚刚接触这一职位，但邹金斌将100多名员工的日常管理都做得井井有条，不仅下属对他心服口服，公司对他也是称赞有加，大大小小的奖励都有他的份。邹金斌感受到企业对自己的肯定，也找到了自己的定位，对工作更有兴趣，成绩也愈加显著。回忆起自己的打工经历时，邹金斌说：“很多人总在快要做出成绩时就跳走了，走的人不少，当时也有人拉我走，但我没听他的，现在我干得都比他们好，过得自然也比他们快活。”

很多时候，要得到他人的肯定并不容易，但只要有了开始，你就会因为点滴成绩的积累找到自己的价值。因此，当你懈怠地对待你的工作时，不妨想想起初工作的目的。而在这儿我们想说的是，既然选择了一份工作就要努力去把它做好，做出成绩来体现出自己的价值。保持积极的态度和严谨的作风并乐于奉献自己的一切，这样你才会创造出越来越多的成绩，也才能体会到工作的好处，对工作也越来越有兴趣。

2. 不断进步才能有效冲淡工作的枯燥感

老驴一年365天都在围着一个磨盘重复着同样的运动，其枯燥乏味的程度可想而知。职场上，很多人的境遇和心态与“老驴拉磨”惊人地相似：

“唉，每天朝九晚五的，面对的都是一摞一摞大同小异的文件和报表，真是味同嚼蜡啊！”

“今天完成了一篇稿子，明天还得想下一篇稿子怎么写，搞得我连做梦都在想稿子的事情，真不知道哪天才是个头儿，真想一走了之，可离开了这个岗位又能干什么呢？”

“年复一年月复一月日复一日，流水线流水线流水线……我该怎么办呀？”

“每天重复相同的事，我快要发疯了……”

诸如此类的职场感慨，相信很多人都遇到过或体验过。之所以会出现这种情绪，多数人都是因为从事该项工作的时间的确太久了，而且工作大多重复单调，了无生气，以致越干越烦，越干越不适应。工作成为了他们人生最大的负累和苦役，还有什么乐趣可言？他们又怎么可能对工作投入全部的激情和心血？

要摆脱工作的枯燥感和倦怠症，就要学会创新，让自己走过的每一圈都能闪耀出不同的光彩。有了不同的色彩，工作的枯燥感就会被冲淡许多，取得的成绩也会大不相同。

A、B、C三人经过两个月的培训后，同时进入了一家银行做储蓄员。

刚开始工作的时候，三个人都觉得很新鲜。尤其每天面对一沓沓的钞票，让他们心情澎湃，工作起来自然是激情满怀。但是，时间长了，当初的新鲜劲就被单调和忙碌所取代，A感到厌烦了，想到每天经手的钞票再多也没有一张是自己的，有什么意思呢？自己不过是一台帮别人数钞票的机器，将来会有什么出息呢？另找工作吧，似乎没那么容易。于是他消极地对待工作，能拖则拖，能少干就少干。由于心态不好，他心情很烦躁。而心情一烦躁，错账就多；错账一多，心情就更烦躁。因此，他常常陷入这种恶性循环的怪圈里。

B工作了一段时间后也觉得储蓄工作实在是单调，也有跳槽的想法。不过他想，当今社会分工越来越细，什么工作干久了都会感到单调。于是，他耐下心来，认真学习储蓄各项业务，苦练储蓄各种技能。虽然他对这份工作偶尔也会有一点倦怠情绪，但是他的努力使得他很受赏识，让他很有成就感，这无形中就冲淡了他的倦怠情绪。

C是一个爱琢磨问题的人。他在熟悉储蓄业务后，发现储蓄工作还有不少地方需要改进。于是，他就一项项地琢磨。不久，他摸索出了一种新的点钞法，大大地提高了点钞速度。之后，他又琢磨设计出一种“自动分币机”，只要将硬币放进这个机器，币筛一摆动，就能将不同面额的硬币分拣出来。再后来，他又与人合作，发明了便携式点钞机和液压式捆钞机等。

8年过去了，A仍然是一名普通的储蓄员，不同是他的情绪更加低劣，每天都是一副有气无力的样子，业务水平没有什么提高，也就是过一天算一天地混日子；B是该部门颇有成绩的业务主管；C已经离开银行，开了一家公司，专门研制、生产银行和邮政储蓄业务所需的各种用具，生意异常兴隆。

正所谓“种瓜得瓜，种豆得豆”，职场上也是一样，你种下的是什么，你收获的就将是什么。当一个人种下冷淡和懈怠时，工作除了回报他空虚、沮丧和平庸之外，还能给他带来什么呢？相反，当一个人以满腔的热情对待工作，把自己全部的聪明才智都投入到工作中去的时候，工作又怎么会亏待他？不仅枯燥和单调会远远避开，他还会从工作中收获杰出与成就。

一项工作干久了，看上去轻车熟路，实际上却会有一种重复“吃剩饭”的感觉。其实，“剩饭”也罢，鲜菜也罢，关键是要调整好自己的“口味”，不断创新，不断进步，才能有效地克服“职业枯燥”。

必维(BV)国际检验集团工业与设施事业部大中华区总裁的邢继顺，对这一点看得很明白。“人生就好像跳高比赛，每跳过一次，下一次的横杆就会有新的高度。”早年曾做过运动员的邢继顺这样形容自己的职业生涯，“跳高比赛总会以失败而告终，虽然等到再也不能越过横杆时比赛才结束，但是人生就像比赛，其乐趣正在于不断地超越的过程。”

1988年，邢继顺作为公派留学生在法国读博士，在做博士论文的时候，学校有一个与欧洲共同体的合作项目，要求至少有3个国家的5个机构参与项目，而BV就是其中一个参与者。博士论文完成后，邢继顺就随即开始了在BV研究中心的工作。他继续以超越的姿态不断向前，很快就被提升。

2004年，邢继顺回国开始在BV大中华区工作。当时国内对认证测试行业的认识尚不充分，很多企业认为认证或测试是产品进入国际市场时不得已而为之的行为，而实际上，认证行业是现代服务业中的重要一环，BV的定义范围，是质量、健康、安全、环保和社会责任。作为一个产业，认证、检测和检验行业是社会价值链上重要的一环，能为社会创造出巨大的价值。邢继顺大力推广着这种检测理念，BV在中国的发展也随之进入了快车道，他个人的发展也随之进入一个全新的发展时期，越干越有兴味。

严格说来，没有任何一项工作能够长久地保持新鲜感和创造力。再有趣的工作做得久了，也一样会让人觉得兴味索然，味同嚼蜡。但是，如果我们为自己定下一个长远的不断超越自己的目标，就会很好地冲淡工作的枯燥感，激发出我们对工作的兴趣，从而使工作永远对我们施展着魔力，吸引我们终身为其努力。

"职业枯燥和倦怠"就像五线谱上高高低低的音符，总是埋伏在工作情绪之中，伺机而动。面对一成不变的环境，每天大同小异的工作，都可能使你陷入一片"愁云惨雾"之中。就像最爱吃的菜，每天都在吃，总会有厌烦的一天。要避免倦怠缠身，走出职业倦怠的沼泽地，就要打破这种看不到希望的死一样的沉寂，给其注入新鲜的血液，让自己不断进步，不断创新，每天都有新收获、新感悟、新成就，倦怠和枯燥就会不战自退。

3. 小小的成绩也能让自己得到乐趣

也许有一些员工会认为，他们的工作平淡、普通，很难取得什么惊人的成就，因而也就很难从成绩中获得对自我的肯定，增强对工作的信心。这样的想法其实是不对的。对于工作的乐趣而言，成绩不分大小，再微小的工作成绩也一样足以让我们骄傲和自豪，也能让我们从中得到无尽的乐趣，也一样会使我们对工作充满信心和兴趣。小的成绩之中其实也包含着人生的大快乐。

俄罗斯撑竿跳高名将谢尔盖·布勃卡，是一个最懂得在小成绩中追求大快乐的人。在田径场上，谁的统治也没有布勃卡长久而专横。这位“撑竿跳高沙皇”从20世纪80年代初开始就独步天下，主宰世界撑竿跳领地长达20年之久。

在布勃卡的身后，留下了35次打破世界纪录的辉煌瞬间，他是田径史上唯一赢得6次世界冠军的超级巨星，被过世的国际田联主席内比奥洛称为“20世纪世界上最伟大的运动员”。

然而，提到布勃卡令人眼晕的35次打破世界纪录，一些人又会在仰慕的同时从鼻孔中喷出不屑的冷气。因为布勃卡每一次破纪录都只不过提高了一厘米！有人称布勃卡破纪录比犹太人还吝啬，每次都是一厘米一厘米地“拿竿头挑钱袋”。他就用这种一点一点小成绩的耐力，用规则容许的最小度量，在17年内把室外世界纪录提升到6.14米（室内6.15米）。

为此，有人称他为“一厘米王”，并指责他是为了多拿奖金才有意这样做的。但实际上，布勃卡只不过是为了享受这个成绩带来的巨大的满足感和其中无尽的快乐！因为他每破一次纪录，就能获得一次征服成功的快感和享受。将本来可以一次性取得的大胜利，巧妙地化解为一个个小胜利，充分享受更多的快乐。

人的一生中，难以遇到几次惊天动地的大事，受到国家领导人的接见，走路摔了一跟头拣了一个元宝，得到一个奥运会冠军，买彩票中了百万元的大奖……不是完全没有可能，但几率太低了。我们能够做到的，或许是被单位领导口头表扬了一次，打乒乓球赢了对手，一次征文比赛中得了奖，工作又取得了成绩……在这种情况下，我们就要充分享受这种小快乐，放大这种快乐。

古希腊伟大的哲学家苏格拉底说："一个个小乐趣加起来就是大快乐，每天寻找一个小乐趣，串起来就是美好的人生。"

苏格拉底本人就经常为生活中的一些细小的事情而乐不可支。有一次，与学生柏拉图外出散步，看到几个小孩子正在玩河沙，他立即加入到他们的队伍中，一边玩一边开怀大笑。等到孩子们玩累了要回家了，苏格拉底还有点儿恋恋不舍。

在返回的途中，不住地念叨着："今天玩得太高兴了！"

柏拉图不以为然，就问苏格拉底："像这样的小事情也值得如此高兴吗？"

而苏格拉底反问道："人的一生能够遇到多少快乐的大事呢？"

苏格拉底是积小快活为大快活，就像打仗时的积小胜为大胜，平时的积小成绩为大成绩一样。一砖一瓦加起来，可能就是座高楼大厦。每天都能有小小的成绩，有小小的快乐，那么，我们的人生还有什么不快乐的呢？

别拿豆包不当干粮，别拿小成绩不当回事。每一次细微的成绩，都会给我们带来不同的快乐体验，都会让我们感受到生活和工作中无尽的乐趣。这样的乐趣多了，人生也会变得乐趣无穷，快乐无比。从下面这位英语老师的教学体验中，我们能感受到一个个小成绩积累起来的大快乐。

新学期伊始，听说我教三年级英语，心里轻松了许多，自己一直都是四年级专业户，三年级三个班相对于四年级三个班来说要轻松一些。面对新学生，我充满信心。在我看来，所有的学生都那么可爱，相信他们也都是聪明的。因为三年级的英语是起始学科，学生们学好的可能性要大一些。一想到这些，工作起来干劲十足。

在紧张忙碌的两周过后，终于教完了第一单元。充满期待的我急切想知道学生们掌握知识的情况，于是就进行了第一单元的检测，紧接着用了半节课的时间就批好了。结果：三(3)班不及格两人，施文龙 44 分，周佳欣 56 分。这下我傻眼了，怎么会这样？找到班主任了解情况，王老师说能考成这样已经不错了。这下我明白了，这两个人是班上的学困生，需要给予特殊的教育。从那以后，对于这两位学生，我格外关注。

教育家陶行知曾说："真教育是心心相印。"我知道我首先要做的是喜爱他们，并让他们感受到我给他们的关爱，让他们对自己产生好感，把好感转化为兴趣从而喜欢上我的课。教育家苏霍姆林斯基说："对孩子的依恋之情是教育修养中起决定作用的一种品质。"在课堂上，除了上好课运用各种方法充分调动他们的学习兴趣，同时关注两个人的听课情况，老师们都知道听和不听的效果是截然不同的，保证上课听讲是最基本的。英语光听还不行，还要动嘴说，每次课堂上的说都少不了他们俩，多给他们练说的机会，让他们觉得老师在时刻关注他们。课堂之外，多和他们交流，不管是生活上，还是学习上，并且抽时间给他们补习。记得 9 月 16 日中午吃过饭，我把周佳欣找来读第一单元学过的动物类的 8 个单词，刚开始，他只会读 bird、tiger、panda。

我一遍一遍教他读：dog dog 是小狗，小狗小狗是 dog。上二年级的女儿也在一旁读起来，我让女儿和周佳欣比赛，看谁先会读，一时间办公室里响起了此起彼伏的读词声，好不热闹。半个小时之后，周佳欣终于读会了 8 个动物类的单词，我表扬了他，还奖励了一只自己做的小熊给他，上面写着：周佳欣真棒，会读 8 个动物类的单词了。这时的周佳欣脸上露出了开心的笑容。那纯真的笑容，让我感受到了一种不同的成就感。我的心也一下子开心起来，我知道那是自己收获的一份精神食粮。它带给了我发自内心的快乐，让我体会了不一样的幸福。

最让我开心的是周佳欣作业的改变。刚开始写字母，格子一个也不对，我只能站在旁边手把手教他。到第二次写字母时，那字真漂亮，好像换了一个人写的。他的进步让你看到自己的成就，那就是一种幸福。记得班主任王老师在一次吃饭时对我说："我发现周佳欣和施文龙上你的课时很专心。"我说："真的吗？"其实，当时心里已经乐开了花，虽然是一点小成就，但我很满足。因为，当这一点变成许多的时候就会变成幸福的海洋。

其实不管我们做什么，一点一滴的成绩都是努力的结果，都值得我们好好地高兴一番。我们每天都在过平淡的生活，其实快乐也就在这平淡之中，计较一点儿小输赢也不是坏事，如果什么都无所谓，生活也就变得索然无味儿了。小成绩里也有大快乐，懂得这一点，才能让我们的人生更有乐趣，才能让我们学会积攒这种小成绩和小快乐，一步一个脚印，踏踏实实地向前迈进，最终从容、幸福而舒畅地到达事业辉煌的殿堂。

4.

换个角度看问题，让问题到此为止

有一些员工之所以认为工作枯燥无味，让他们厌烦不已，是因为他们在工作中总会遇到各种各样的问题，而且面对这些问题，他们无能为力，不能完满地解决问题。这样的挫败感让他们觉得工作毫无乐趣，只有枯燥和乏味。

其实工作中不可能不遇到问题，每一个员工都会遇到不同的问题，都需要解决不同的问题。有些问题并不难，只需要我们换个角度来看，一切问题其实都算不上问题，一切问题都能迎刃而解。

中国有一位著名的国画家俞仲林擅长画牡丹。

有一次，某人慕名要了一幅他亲手所绘的牡丹，回去以后，高兴地挂在客厅里。

此人的一位朋友看到了，大呼不吉利，因为这朵牡丹没有画完全，缺了一部分，而牡丹代表富贵，缺了一角，岂不是“富贵不全”吗？

此人一看也大为吃惊，认为牡丹缺了一边总是不妥，拿回去准备请俞仲林重画一幅。俞仲林听了他的理由，灵机一动，告诉买主，既然牡丹代表富贵，那么缺一边，不就是富贵无边吗？

那人听了他的解释，觉得有理，高高兴兴地捧着画回去了。

同一幅画，因为看待的角度不同，便产生了不同的看法。所以，凡事都应持一种积极的态度，从不同的角度来对待，往好处想，不要看什么都不顺眼，这样就会少些烦恼和苦痛，多些欢乐和平安。

换个角度看问题，你就能乐观自信地舒展眉头并面对一切。而如果你一味地看到问题的负面，你就只能是郁郁寡欢，一事无成，最终成为人生的失败者。所以凡事多往好处想，换个角度看问题，你就会乐观地看待人生道路上出现的各种挫折和磨难，因为生活中不如意之事常有。如果你总是因为一些不如意的事情而担忧，那么你就永远也得不到快乐。因此当你处境不好的时候，不妨换个角度看问题。

西方有一句谚语说得很好："纵声欢唱的人会把灾祸和不幸吓走。"也就是说，面对灾难和不幸，面对困难和阻碍，要学会乐观，学会变通，学会从不同的角度来看待问题，问题就能轻松解决。

看问题的角度不对，结果也会大相径庭。换个角度看问题，好多问题我们便可以轻松解决，让问题就此止步，一切都会变得轻松自如，问题就不再成为我们抑郁或是烦躁、失去信心的缘由。但如果我们不能变通地解决问题，遇到问题只能拖、等、靠，结果只会让问题越堆越多，让我们越来越没有信心，越来越烦躁，最终失去对工作的热情。这其实是相当可怕的。所以我们一定要学会解决问题，让问题就此止步，才能真正驾驭工作，掌控工作。

有些员工对于工作中出现的问题有一种侥幸心理，认为问题放一放，也许会有人主动伸出援手的，也许明天问题就不是障碍了。于是，他们一拖再拖，被一个问题长久地困扰着，就是提不起勇气去解决。其实，解决问题并没有那么难，但是如果不及时动手去解决，问题才会真的成为障碍。要知道，问题是不会自己解决的，要想使问题让路，只有一个办法，那就是动手去解决它。

问题不但不能自动消失，还可能会越积越大，由简单变得复杂，以至于到最后，你无法正视那个原本能够解决的问题，它将变成你心上的一座山，搬也搬不走。遇到问题时不解决，你的工作效率会下降，而工作效率的下降会让你更害怕那个问题，变得更拖延，于是，形成了一个恶性循环，从而使你深陷在这个问题里无法逃脱。

等待问题自己解决是一种破坏性的恶习，不仅让你停留在原地，而且会让你背上沉重的心理负担。因为即使你不去解决问题，问题也会困扰你，特别是在解决的期限来临的时候，它会压得你喘不过气来。你会由此陷入痛苦之中不能自拔，进而失去自信，并开始怀疑自己的能力。

只有那些能让问题到自己为止的员工，才能对工作抱有持久的激情，才能认真对待自己的工作，从工作中找到真正的价值。比尔·盖茨曾经说过，如果只是把工作当做一件差事，或者只将目光停留在工作本身，那么即使从事最喜欢的工作，你依然无法持久地保持对工作的激情。但如果你把工作当做一项事业来看待，情况就会完全不同。如果你能做到让问题到此为止，无疑是为自己的成功打造了一枚闪亮的军功章，你不但能够树立起信心，还能够赢得更多的信任，并为自己的成功赢得更多的资本。

5. 直面困境，将压力转化为动力

当你的工作遭遇瓶颈，当你感觉到职业倦怠的压力，当你觉得自己走入了事业发展的死胡同时，那种对于现实的无奈感、困境的无力感以及工作的厌恶感，肯定会超过以往的任何时候，而心中对于前途的绝望、人生的挫败甚至未来的不可预知……都会让我们陷入彷徨之中，无所适从。对工作的热情也会骤然降低，再也没有往日的兴趣，除了厌烦，就是乏味。

怎么办？

逃避肯定是不行的。不管面对什么样的困难和压力，逃都是没有用的。只有勇敢地面对，想尽千方百计解决困难，消除压力，才能助我们走出困境。当你学会了调整自己，让压力“慢慢来”时，你会发现，压力其实不是一个阻止你前行的石头，而是推动你前行的动力。

台湾有这么一个大学生，毕业后一直很想创业，但始终下不了决心。很快，几年过去了，他也到了娶妻生子的年龄。于是，他遵循自然的法则，很快娶妻生子。又几年后，他拥有了稳定的工作和和谐的家庭。只是，创业的梦想从来就没有停止过。

于是，他把自己的想法告诉了岳父。可是，岳父却很反对并给他算了一笔账："以我几十年的经验来看，90%的年轻人都想过创业；而在想过创业的人中有90%只是想想；在付诸实践的创业者中又有90%的人最终以失败告终；在创业了且碰到了好项目的人中又有90%的人只是小有成就。因此，要想成为一个大企业家，就好比爬金字塔的顶尖，难上加难呀！"

岳父的劝说本是想让他知难而退，可他却兴奋地说："谢谢您的点拨，我知道该怎么做了。"不久，他便辞去工作，拿出了所有积蓄，又向父母借了点钱，踏上了创业的征途。

他从电视机零件生产起家，终于淘到了自己创业的第一桶金。然后，他又投资建了一家模具厂。这一年，台湾房地产市场火热，几乎所有商人都纷纷转战地产界。他却很冷静地没有去凑这个热闹，而是一心经营着自己的模具厂。

一年以后，地价翻了一番，不少人劝他把模具厂卖掉进军房地产，但他却固执地拒绝了。几年后，房地产市场逐渐萎缩，他的模具厂却技术和效益都突飞猛进，成为同行业中的佼佼者。

1999年，他一口气吞下众多中小企业，一跃成为了世界级集团，企业员工从最初的十名增加到遍布全球的五万多人。他便是如今纵横四海的台湾科技首富——鸿海集团董事长郭台铭。

几年后，郭台铭在一个企业家论坛上发表演讲时说："有人说，想创业的人90%没有付诸实践。我想当那有压力的10%，因此，我果断地创业了；有人说，创业的人90%没有成功，我又想当那有压力的10%，因此，当房地产火爆时我坚持了自己的选择；有人说，项目选对的人中90%只是小有成就，我想当那有压力的10%，因此放眼全球，进行了一番科学规划，终于才有了鸿海集团的今天。”

可见，压力与困难并不是阻碍我们向前发展的因素，反而是推动我们向更远的目标前进的动力。只要你善于将压力转换成动力，所有的困难都会被克服，所有的成功都会向你招手。

有的员工厌恶自己的职业，对自己的工作不满意，觉得工作枯燥无味、工作条件太差、报酬太低、离家太远、工作时间太长、没有发展前途、同事关系难处、领导脾气太坏……每天都深陷困境，难以自拔。其实不必沉落，只要试着变换一下工作的环境，你的心情就会好起来。要有积极奋发的工作心情，最重要的条件之一，就是营造一种“工作真好”的气氛。在效率高的工作场所，每个小时至少都会传出10分钟的笑声。因此，不妨尝试在工作的地方制造乐趣，即使是一个小玩笑，也有益健康，同时，四周的摆设也会影响工作情绪。有些时候，杂乱无章的工作环境也会令工作效率低落。所以，不妨将自己的工作空间，设计成可以配合做事习惯的模样。除了让每份文件都有可以归类的地方，亦可利用一些颜色鲜艳的小海报、有趣的摆设或茂盛的绿色盆栽，振奋工作的心情。

还有的员工感到工作枯燥无味，是因为自己的发展受到了限制，取得的成绩也越来越少，以至于渐渐丧失了对工作的热情，开始厌倦自己的工作了。

性格爽朗的张华突然对工作厌倦起来，经诊治，发现他这种病态是近年来公司业务发展速度变慢，甚至停滞不前的状况造成的。没有新鲜内容注入，工作变成了一架流水线机器。新的竞争对手不断涌现，蛋糕被越分越小，吃不饱，扔掉又舍不得。因此，他面对工作无精打采，丧失了以往的热情。

这种平台期的厌职倾向在具有一定工作经验和职位的人中非常普遍。当对一项工作已经熟练掌握并且发现上升空间被限制的时候，厌职情绪就会袭来。当我们意识到这一点时，不妨把平台期的厌职情绪深入解释为内心潜在的危机感和焦虑，着手做防卫的准备。在仔细思考自己职业目标的同时，在工作中经常尝试一些变革和突破，都会有效地缓解平台期厌职情绪，化不利为有利。

有些人只知道拼命工作，开始时在晚上加1～2个小时班，不久便整星期地加班，最后连周末也成了办公时间。这类人除了工作，几乎没有任何社交活动，时间长了，难免会对自己的工作产生反感。如果是因为休息不够或是工作任务太重太累而引发自己对工作的抵触情绪，也不必焦虑，不妨让自己放松一下，学会休息。把自己的爱好和业务活动当做本职工作一样认真对待，并同样引以为豪。今天，许多人只把来自办公室的成绩看成真正的成功，结果这些人唯有事业上春风得意时才会沾沾自喜，而一旦工作遇到麻烦，就感到羞辱不堪。如果你把自尊也系于你的业余爱好上，工作中受挫时，还可从业余爱好上找回平衡。其实，培养一点兴趣爱好并不需要太多钱和太多时间，关键是放松心境，调整好心态。这不仅能使心灵与精神有所寄托，而且更让你拥有另一个成长的空间，让你对工作更有激情，对未来也更有信心。

不论什么样的困难，都需要我们勇敢面对，再大的压力，也要勇敢地去抵抗，并及时地将压力转化为动力，驱动我们勇往直前，不向现实低头，不为困难屈服，最终才能走出人生的低谷，找到工作的转折。

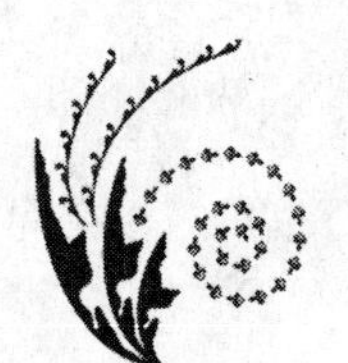

6. 不断学习，为下一个目标奠基

学习不仅仅是在学校做学生的事情，出来工作后，当面对繁忙的工作和日新月异的社会环境变化的时候，我们更需要自觉地去学习。学习做事和共处，只有不断学习才能驾驭好自己的人生，创造人生的奇迹。社会在改变，知识也在不断更新，那些躺在原有知识的基础上睡大觉的人，必将被不断学习的后者超过。

每个员工都需要有很强的学习能力作为支撑物。如果不能与时俱进，不断地通过勤奋学习充实自己，提高自己的能力，那你很可能从一个"人才"变成企业乃至社会的包袱。只有不断加强学习，不断提升自己，才能保证职业的安全，才能从工作中找到无限的趣味。

小洪是薄老师曾经带过的一个学生，刚进工厂时他才20岁左右。进入工厂不久，他就从工厂辞了职，开始从事业务员的工作。由于他刻苦努力，为人热情，业务能力很快就有了提高。一天，小洪找到薄老师，问："我想去一家销售英文教材的机构做销售员，可是对方的招聘要求是本科学历，英语四级以上，我该怎么办呢？"薄老师微笑着说："你只要告诉他你有一颗积极向上的心就可以了。"于是，面试的时候，小洪如实回答说："我不是本科生，英文也不好，但我有一项超强的本领，就是能够把东西卖出去。"

小洪很顺利地被录取了，并在很短时间内成为了该机构的销售精英。看到小洪如此优秀，该机构决定派他去另一个城市做销售负责人。然而由于小洪的老婆快要临产，于是，小洪决定辞职。

经薄老师介绍，小洪去到了一家经营状态不是很好的店面成为这家店的销售负责人。结果，不负众望，小洪在到该店的一个月时间内就做了几十万的销售额，相当于该店之前半年的营业额。由于小洪只要一有时间就会拿起书本来学习，因此对于店面的管理他也有了自己的一套理论，不久之后，小洪协助老板规范了全套的销售管理程序。协助老板完成这些之后，小洪决定到大企业去锻炼锻炼，长长知识。由于有了之前的经验积累，小洪很顺利地就成为了某大企业的销售人员。一年之后,他已经成为该大机构的销售副总裁。

人生就是需要不断地学习和磨炼,因为那是自我人生中的第一扇大门,只有不断地磨炼和学习,目标才会实现,职业才会安全。因此要达到我们对工作各阶段的目标和理想的唯一途径就是不断学习,不断提升自己。

小黄刚来厦门的时候,在一个工厂当工人。听说电脑很重要,她就想去考计算机等级,后来有个朋友告诉她,考等级用处不大,还不如去学软件设计。于是,她去了北大青鸟学习。第一次去的时候,老师说了两件事情:一是一学期的学费 5000 元左右;二是像她这样的女生学起来很困难。

而当时的情况是,她的口袋里只有 2000 元,并且她觉得这是她想要的职业。为了争取这一次学习的机会,她决定去找校长商量分期付款,看到她对学习的渴望,校长同意了并让她课余做一些辅助的教务工作,增加点收入,顺便将学费和生活费解决。

刚开始学习的时候,她感到很吃力。但是,她觉得只要付出努力就一定可以。她每天读到午夜两点,早上 7 点就起来学习。一个月后,因为身体实在吃不消,她才改变了原来的时间安排——每天读到晚上 11 点,凌晨 4 点起来读。

从一个普通的程序员做起,不到三年她已经成为了一个项目经理。她有着很好的工作习惯,笔记随身带,做事都是先思考清楚再行动。因此,她做事条理清晰,文档也做得很齐全,而且,她每天的生活除了工作,几乎就是在学习。

中国有一句老话:“活到老,学到老。”我们的一生无时无刻不处于学习之中。知识无穷无尽,又有哪一个人敢说自己已经不需要学习了呢?

即使是再博学的人，又学会了多少？所以学习是一个永恒的过程，学无止境，活到老学到老，永远没有学完和学尽了的时候。所以，终生学习，是职业常青优秀卓越的秘诀。

学如逆水行舟，不进则退。职场又何尝不是这样？一天不学习，你就在退步；十天不学习，你就已经赶不上别人了；一个月不学习，你就已经被抛得远远地落在最后面了，再不学习，你将注定被时代、被职场、被工作甚至被朋友彻底地抛弃！

不断学习，积极进取，是一个人的明智之举。在这个知识经济的时代，我们必须注重自己的学习能力，必须能够勤于学习，善于学习，时时不忘记学习。只有不断地终生学习，才能在竞争激烈的社会中立于不败之地。

学习是一个长期的过程，进步也是一点一点积累起来的。只要你能够每天持续不断地学习，每天进步百分之一，一年就有好几百个百分之一的进步，也就是有好几百倍的成长。做到一天进步百分之一不难，但是做到“每天进步百分之一”却并不容易，因为每天进步一点点，贵在每天，难在每天。“逆水行舟用力撑，一篙松劲退千寻，”要“每天进步一点点”，就要耐得住寂寞，守得住穷困，不因收获不大而心浮气躁，不为目标尚远而轻易动摇，要有持之以恒的韧劲；要顶得住压力，不因面临障碍而畏惧退缩，不为遇到挫折而垂头丧气，而应具有攻坚克难的勇气。此外，还要抗得住干扰，不因灯红酒绿而分心走神，不为冷嘲热讽而犹豫停顿，而应有专心致志的定力，每天学习，天天进步，一生学习，终生受益，为我们取得更大的成绩并赢得更大的成功打下基础，奠下根基。

7. 突破职业瓶颈，不断取得新成绩

对于不少职场人士来说，通常在经历了职业起步探索期和适应上升期的激情之后，或许忽然有一天会发现自己陷入了职业发展的瓶颈中——不仅得到晋升的机会很少，希望也不大。由于受制于自己的工作经历和背景，可以选择的方向也不多。与此同时，加薪遥遥无期，工作简单重复，日复一日地原地踏步，不仅让人看不到希望，还不可避免地让自己陷落进单调枯燥的职场怪圈之中，苦恼不已。

8年前，杨斌从电子技术专业大专毕业。毕业之后他在一家电子公司驻上海办事处从事电子元器件的销售，做了1年的销售员后，由于在业务方面表现突出，便被提升为办事处经理。在随后的时间内，业务量一直保持在平稳水平。但在去年底，办事处人事出现变动，原领导曾经向公司总部推荐过他，希望他来接替自己任上海办事处的负责人，但是遭到了总部的否决。杨斌意识到自己已经遇到了职业生涯中的瓶颈，想突破，但不知从何做起。

任何一个员工或者岗位，都会不可避免的出现不同大小、长短的瓶颈时期。我们很多人在职场中遇到过职业发展瓶颈的问题。根据职业调研中心的数据显示，接近84％的职场人表示自己曾遭遇过职业瓶颈期。很多人工作一段时间后，由于工作到达一个平台区，晋升和进步的步子放慢，对自己的工作和自己正在做的事情，对自己的未来、前途和理想，都会有一种迷茫和困惑：我在做什么，能够实现自己的理想吗，公司能提供实现自己理想的机会吗，我是否该找新的机会……这样的瓶颈让很多员工都感到无所适从，苦恼不已。但实际上，只要我们勇于突破职业瓶颈，不断努力，不断取得新的成绩，就会发现柳暗花明又一村，或许，还会收获比预想更多的成功与信心。

在18岁之前，他的音乐道路一直走得非常顺利。天生爱唱歌的他，很小就在各种比赛中崭露头角。初中毕业后，他以全省第一的成绩考取了某艺术职业学院，并走上了专业学习表演的道路。亲人和朋友们都十分看好他的音乐前景，同时他也信心十足地向更高峰发起了冲刺。

可就在2007年，他却遭受了人生的重大打击：他参加快乐男生广州唱区选拔赛，进入50强后就惨遭淘汰。他不禁怀疑起自己的实力来，回到课堂后经常走神："我的音乐之路还能走多远，前方何处是光明？"越想越失落，越想越灰心。

那一天，他看见巷子里塞满了车，七辆满载的卡车依次停靠在路中央，一动不能动。走近一看才发现，它们中间还夹杂着一辆奔驰，驾车的中年男子下了车，正细致地擦拭着车身。他转了一圈再经过这条道时，见奔驰依然夹在卡车间根本未动，而那个中年人却还在不知疲倦地擦着车。于是，他走上前去友善地问道："开着这么好的车被堵了，你不烦吗？"中年人摇了摇头："我要赶远路，正好乘这个机会打理一下车。"指了指不远处的岔道，说："我在那里就将超越它们，有什么可烦的？"

"为什么开着奔驰就一定要奢望一路畅通呢？有时它被大卡车堵住路，也是难得的休整机会呀！"中年人微笑着说。

他回想起自己曾经的经历，少年成名，这次早早被淘汰，不正像这辆奔驰所处的状态吗。他正好抓住机会做好保养，争取在下一个路口超越他人。真正值得担心的不是前面有卡车拦路，而是车子重新启动后的速度和性能！

很快，他从失败的阴影中走了出来，更加专注地学习起声乐。毕业后,他果断放弃了在家乡安稳的工作,决定去南方继续发展自己的音乐事业。只身去到深圳之后,他又到广州靠跑场子生活。终于,又等到了“快男”竞逐的机会,他再度报名并最终凭借精湛的唱功、帅气的外形和新潮的装扮,一路过关斩将,最终获得冠军。

他,就是2010年超级男声总冠军李炜。

很多人在工作一段时间之后,都会觉得自己的工作并不是那么重要,只是每天重复干着同样的事而已。他们认为工作的唯一目的便是赚取薪水,而工作本身并没有意义。他们总是觉得工作枯燥乏味,没有目标。这样日子一长,一旦出现某一个让他们觉得困难的工作,他们便会对工作产生疲劳,引发职业倦怠,不知道前方的路该怎么走。其实即使一时遭遇了瓶颈也可以成为那辆高速疾驰的奔驰。只是任何一辆奔驰,在前行的路上都将不可避免地遭遇到阻拦,这时你无需烦躁,更不用灰心,只要突破瓶颈,找准问题的出路所在,不断取得新的成绩,就能很轻松地度过职场迷茫期,用自信来迎接来自职场的各种挑战。另外你还能利用这段“停下来”或“慢下来”的机会为自己加油,以便可以在下一个路口顺利超车。

如果你无法突破此种局面,将造成你的工作效率降低,工作质量下降,进而产生“职业倦怠”。更有甚者,还会出现心理偏差和生理影响,如焦虑、浮躁、失眠等。严重干扰正常生活。所以,一旦遭遇职业瓶颈,我们就要想办法突破。

(1)多角度为自己充电

在职场中如果缺乏持续的学习,可能会因为知识结构老化而面临淘汰的尴尬境地。为了避免这种情形发生,有意识地进行“充电”提高职场竞争力,是突破职场瓶颈的一种有效手段,也是提升我们的工作能力,开阔视野,使自己与时俱进,以持续保持对工作的兴趣的有效手段。

当瓶颈出现之后,首要任务是了解瓶颈产生的原因。当然首先得从自身寻找原因。不管我们在大学学的是什么专业,岗位越往上提升,对自身综合能力的要求就越高,如决策力、洞察力等方面就需要再次提升一个档次。

当务之急是根据自身的具体情况，有意识地进行“充电”，找到自己最为薄弱的部分，通过学习来提高。当然，要把握好时间节点。比如，有些人明明知道自己在外语口语方面存在缺陷，但是他们就是没有安排时间去改善它，一旦因为口语方面的原因造成自己失去更好的机会之后，他们便又会追悔莫及。

(2)变换工作或岗位

对于已经积累了相当丰富的工作经验并在公司担任过领导工作的职场人士来说，由于公司的原因已找不到再次提升的空间，遭遇职场瓶颈，那么不妨勇敢地迈出跳槽这一步。

在同一个职位上具有三四年以上的停留期，基本上都会感到激情不再，厌倦感在不知不觉中产生。如果选择跳槽，首先要盘点一下自身的工作资历，如人际关系、管理经验等。这些经验和经历将成为职业转换的砝码，能帮助我们找到更适合自己发展，也更能激起我们工作激情的好岗位。

每一个职场人都期望自身往更广阔的工作方向发展，打造属于自己专属的工作舞台。而每一次突破意味着都将度过一个瓶颈。不同层面的职场人对成功的定义与理解多有偏差，但相同的是，每个人都会在执行职业规划的过程中，遇到无法避免的障碍。所以无论任何时候，直视自己的瓶颈状态，运用自我减压，勇于自我打破，重塑职场精神，保持工作激情。

第七章

享受生活的过程，生活因“享受”而灿然生辉

生活单调的很大原因是由于我们太关注工作而忽略了生活。其实工作不是人生的全部，生活才是。如果因为工作而失去了生活的乐趣，是得不偿失的。因为努力工作的目的在很大程度上其实是为了享受生活。所以，学会享受生活，而不是度过生活，不仅是使生活灿然生辉的秘诀，也是我们拥有多彩生活的不二法门。

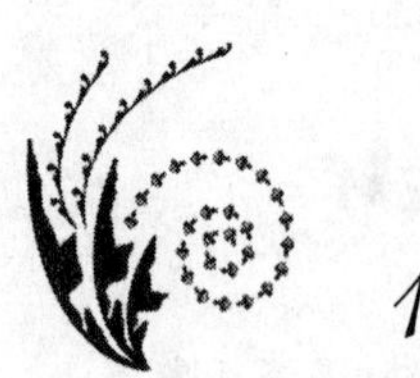

1.

生活的意味就在享受之中

现代社会，生活节奏飞快，人们为了理想、事业、未来和前途，奔波忙碌，甚至除了工作都忘记了生活。许多员工每天都过着一样的日子：上班—回家—上班，枯燥而无味，疲累而单调。久而久之，不知不觉间，已经把日子过成了白开水，过成了死面砣，寡淡无味又沉重疲累，生活的意趣根本无从谈起。除了工作就是工作，而长期无止境的工作，带给我们的是倦怠、乏味和无聊，是信心尽失，意趣全无。我们的工作和生活都必然会进入到一个无趣无味、单调枯燥的时期，甚至让我们感受不到人生的任何乐趣。人生至此，努力工作又还有什么意义？还有什么乐趣呢？幸福越来越远，激情越来越少，工作越来越枯燥，生活越来越无趣……相反，当我们以无尽的热情投入生活之中，学会享受生活中的一切美好的时候，我们反而更加幸福，更加有热情、目标，更加有活力。下面我们来看看清扬的感受吧。

原来，每当我完成一件事情，就在笔记本上勾掉那个列出的计划时，我就会有一些成就感，感觉每天这样都很充实。可慢慢地时间长了，我的心态变了，多数情况下，我一看到那些列出来的小计划，我就心生抵触和厌烦，每天就像完成任务一样敷衍了事，没有什么实际的效果。慢慢地我就感觉生活越来越不对。

我开始羡慕那些生活得有滋有味的人。但是就在我一边羡慕的同时，我也一边每天累死累活地上下班，还得忍受着学习、看书、跑步,我之前自以为在大城市就应该这样努力和拼命,这样才能够怎么怎么样。我当时还跟一个无聊寂寞的同学吹嘘:我的生活没有娱乐,就这样陷入深深的自恋不能自拔。在经过这一段时间后,我猛然间发现我错了。

我才发现我已经好长时间没有去过一个地方旅游了,好长时间没有看过一场完整的足球比赛了,好长时间没有去电影院欣赏一部好电影了,好长时间没有和一大帮朋友大口吃肉、大口喝酒了,好长时间没有……我每天的生活只有工作、只有学习,没有娱乐、没有惬意,更没有和大自然的接近,表面上看起来很充实,实则不然。

我这样做的原因是想尽快能让生活能好一点,工作能好一点,钱能多一点。可我却没有注意到我这样做的最终目的就是用自己赚的钱来干自己喜欢的事,比如去旅旅游,开个小超市或是买件自己心仪已久的衣服这样小到不起眼的小理想。而我现在只顾着一路狂奔,却没有注意到理想已经悄然出现在我狂奔道路的两侧,我视而不见,固执地一路向前。想着我应该跑得再快些再快些,只有到了目的地,我的理想自然就能水到渠成的实现,可当我真正停下来,眺望这条路时,我发现这条路是没有尽头的,我也有可能在失掉享受生活乐趣的同时累死在途中。

所以我现在的生活会更加灵活地安排我的时间,也会刻意地去享受一下生活,释放一下压力,比如回来累的话洗个澡,泡上一杯茶,慢慢地静静地欣赏一部好电影;或有时也会买点肉、喝点小酒,再或者就安安静静地看上一本书,而不用在意时间,或是买上一大堆水果,有一段时间我的桌上就堆满了火龙果、橘子、苹果、梨、香蕉,也买了一盆仙人掌。而等我攒了一部分的钱,我会请长假或辞掉工作,用1~2个月的时间去旅行,或是去找自己多年未见的朋友叙叙旧。放下生活和工作的重担,在做自己喜欢做的事情的过程中,享受生活的乐趣。

所以,不要把工作当成生命的全部,还要学会享受,享受工作的幸福,更享受生活的意趣。工作再不是生活的全部，人们不仅要在劳动中充实着，也要在休闲中享受着快乐，在与家人的相伴中感受着亲情。生活的意味不在别处，就在享受之中。越是懂得享受生活的人，生活越有滋味，事业也会越成功。

享受是一种人生的特殊体验，其实享受生活，是一种感知。生活中的春华秋实、云卷云舒都值得体味。一缕阳光、一江春水、一句问候以及一叶秋意，都是生活里醉人的点点滴滴。

因此我们应该好好地享受人生，享受清凉和炎热、温暖和寒冷；享受四季、时间和空间；不仅仅享受休闲平和与宁静，也享受忙碌与烦躁；享受青春和活力、衰老与迟缓；享受缘起时的相爱与欢聚，也享受缘尽时的失落与别离；享受酸甜苦辣、悲欢离合、顺境与逆境；享受富有与贫穷，享受一切的物质和神……

我们完全有理由变得更快乐。其实造成不快乐的原因往往不在于别人而在于你自己，因为快乐是自己的一种感觉，并不由别人来控制和决定。当我们想通过工作来实现自己的伟大理想的同时，一路狂奔在路上的时候，不要忘了我们的生活里不仅仅只有工作，还有一些其他更重要的东西。我们再怎么努力的目的都是要让生活幸福，而当我们有了条件和小小的机会能实现一点小小的幸福的时候，就不要吝啬，而要把握住这样的机会，享受生活，享受人生。因为生活是用来享受的，不是拿来忍受的。

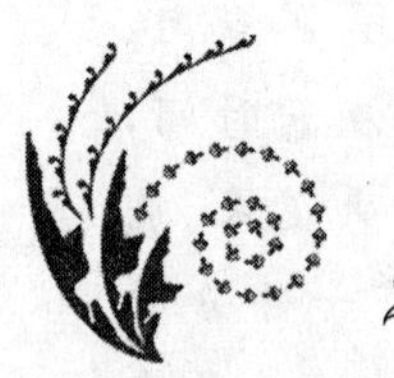

2.

乐于享受美食，口腹之欢是人生之快

人生最大的享受莫过于口腹之欲的满足。“食色，性也”，口腹之欲其实也是人性中最基本的欲望这种欲望的满足，正是生活的本质，也是人生的大事、要事。所谓“民以食为天”，生活中最大的事情，就是吃。享受生活，当然离不开享受美食。

吃也是我们日常生活中最大的乐趣。不管做什么，大事、小事、好事、坏事甚至战事，吃都是排在最前面的大事。“兵马未动，粮草先行”，一切都必须先安排好吃的事后，其他的事情才好办。不然，一切都办不好。中国的饮食文化也是源远流长，对于美食的热爱和追求，也是中国文化的重要内容。从孔子开始，就有了文化名人身兼美食家的传统，并留下了无数佳话。而孔子本身就是一个非常重视美食，同时也懂得享受美食的人。

孔子的美食主张主要记录在《论语》中，特别是《乡党篇》中，总结起来约有 20 多条。最著名的一句就是“食不厌精，脍不厌细”——食物是越精致越好，而做法是越细致越能得食物之真味。从原料的选择到加工搭配，再到饮食环境的选择，这些无不体现在孔子的理念中。

孔子对美食的追求可以说是无微不至。他说：“食饐而餲，鱼馁而肉败，不食。”还说“色恶不食”，“臭恶不食”。这里的“食”指的谷物类的食品，“饐”是气变，“餲”是味变，“馁”、“败”，都是腐烂的意思。这样的东西，孔子是不屑于去吃的。

孔子还对烹饪的火候提出了标准。他说过“失饪不食”，即火候不对，过或者不够都不吃。还有一句叫做“失时不食”，不仅强调“时令”也强调时间。要按时吃饭。一日三餐，如果按时去吃，就会很香。而如果不按时吃饭，只吃宵夜不吃晚饭，不吃早饭只吃午餐，不吃晚餐以蔬果果腹等，也叫“失时”。这样吃饭味道肯定不会比按时吃更好，而且还会引起胃病，进而更加影响胃口。

孔子对刀工也有要求，就是“割不正，不食”。切得不正确，也不吃。“不得其酱，不食”。孔子要求各类的肉食搭配专门的肉酱，如果肉和酱搭配不合宜，也是不吃的。之所以会有这样的要求，是因为在孔子生活的那个时代，人们烤肉吃得比较多，所以，酱的作用就更加明显，而孔子对味道调和是很挑剔的。

孔子还对饮具提出了具体要求，他甚至大喊："觚不觚，觚哉？觚哉？"也就是说酒器不合规矩，就不能喝酒。这虽然有礼制上的要求，但也有其合理之处。比如，现在我们喝啤酒，如果用小酒盅，无疑是会影响口味的。

基本上，孔子的美食思想都可以归结为一句话"食不厌精，脍不厌细"。而孔子美食思想的一个现代体现就是曲阜孔府著名的"孔府宴"。这一菜系融合了宫廷菜、官府菜和民间菜的风味，却又书香气十足，堪称中国美食文化历史的微缩样本。

吃得好，吃得高兴，自是人生最大的乐事，也是人之生性使然。固而美食文化一直是中国文化中最有滋味的一笔。自孔子以来，喜爱美食，乐于享受美食、甚至成为十足的"美食控"的名人不计其数。李白、杜甫、苏东坡，都是个中高手，近代文学巨匠之中，更是不乏享受"吃"之乐趣的高手。

国学大师王国维爱吃甜食，从胶切糖、小桃片、云片糕、酥糖等苏式茶点，到蜜枣、茯苓饼、核桃等，无所不爱。黄侃性格怪僻，晚年饮食必亲做，每餐鸡鸭鱼肉，如有不适，立即重做。

蒋梦麟在台北时，常想起家乡浙江余姚的臭豆腐乳，每次散步总不忘买几块回家当夜宵。傅斯年有高血压，妻子严禁他吃肉，于是他背着夫人在路上吃肉包子。

钱钟书 1939 年在湖南蓝田国立师院教书时，冬夜与好友徐燕谋等用木炭生火取暖，拿旧报纸包裹鸡蛋，用水湿透，投入炭火中，煨熟后，人手一枚，当作夜宵。

藏书家丁福保力主素食，认为肉食使血管易于硬化，无异于慢性中毒，平日不论饭粥，都佐以奶油。

熊十力喜欢吃全鸡，学生远道拜访时，总不忘带上一只鸡。

国学大师王利器有消化性胃溃疡，但又喜吃零食，曾撰联自警：“老有童心防饮食，富非贯腹是文章。”

郑逸梅一生不饮酒不吸烟，唯爱吃些酥糖之类的零食，且常以宋人戒酒诗劝友朋：“少吃不济事，多吃济甚事；有事坏了事，无事生出事。”

著名红学家周绍良出身豪门，又是大家，吃遍半个北京城，但每次赴餐馆，必先带一个饭盒，将剩下的饭菜带走。周绍良年过七十，仍读书到凌晨两点，喝点酒，吃一小碟花生米才入睡。

易中天1972年在新疆生产建设兵团时，为朋友孩子生日设宴，用新疆特产白萝卜，分别切成丝、条、片、丁，再分别拌上醋、糖、辣椒粉、花椒粉，各放上些芹菜叶、胡萝卜丝，后再浇上热清油，成为四大盆酸、甜、辣、麻口味各异的下酒菜。

而当代美食家蔡澜在香港翡翠电视台专门有一档《蔡澜逛菜栏》的节目，把各地美食讲得活色生香。每一辑，蔡先生都带着两个美女，到不同的地方逛当地的菜市场，品尝当地特色美食，与当地厨师交流饮食做菜经验。最特别的是，每到一个地方，蔡先生都会让当地的厨师用一个鸡蛋做一道菜。看似简单的一个蛋，原来在不同国家不同地区不同厨师的手中，都能做出各具特色的菜，创意真是令人叹为观止。

在这个节目大结局时，蔡先生讲了这么一番话：“很多人都在问人生最大的享受是什么？我个人觉得最大的享受就是吃。让自己吃得开心，照顾身边的人也一起享受吃的乐趣。就算自己不喜欢吃，也可以下厨做自己拿手的好菜，给你身边的人吃，他们吃得开心快乐，也是我最大的享受。”

这算得上是真正的美食家对于美食真正的领悟！口腹之小欢亦为人生之大快，何乐而不为？

吃，不但是填饱肚子，更是令自己在繁重的工作中获取一种开心快乐的享受，而且是极易得到的欢乐满足。休闲时光，不妨三五同事相约，大家AA付账，凑一笔钱，借一辆面包车，开到郊区，走山路，吃野菜，享受不同的吃的意趣。即便周末在家，也能去菜场买几样清新可喜的菜蔬，为家人做上几道拿手小菜，一家人吃得开开心心，又何尝不是赏心乐事？逢年过节，一大家子相聚一块，开几桌，从早到晚，吃吃喝喝，聊聊天，打打牌，老老少少的其乐融融……吃的乐趣数不胜数。只要我们愿意享受这种乐趣，随时随地我们都会有生活的无尽意趣，都有美食的无尽享受。

3.

勤于运动，享受健身的快乐和轻松

健康是一个人成功的基石，是幸福的源泉，也是一切事业最重要的财富。如没有一个健康的身体，纵然你有经天纬地的超世之才和堆积如山的金银财富，一切都将枉然。人人都知道健康的重要性，很多人却没有守住健康的"大门"，特别是年轻力壮的人，他们往往只是在大病过后或人到中年，才觉得健康的重要，此时身体的健康已受到损害或潜在的威胁，虽然亡羊补牢，犹为未晚，总不如未雨绸缪，及早预防的好。

如何预防疾病，是一门高深的学问，需要人们用一生的时间去学习健康养生的知识。健康养生大致可以表现为这几个方面：讲究饮食平衡、保持精神乐观、良好的生活习惯、坚持生活有节以及重视体育锻炼等。

生命在于运动，健康也在于运动。据世界卫生组织估计，全球因缺乏运动而引致的死亡人数，每年超过200万人。如果你想寻找一剂提高生命质量的良药，那就经常运动吧！

事实上，随着人们越来越重视身体素质的提高，利用闲暇时间从事健身活动，已经成为一种时尚。在闲暇时间参加体育锻炼，不仅是为了丰富业余生活，而且也是强健身体的需要。

运动的好处很多。在生理上，运动有利于人体骨骼和肌肉的生长，增强心肺功能，改善血液循环系统、呼吸系统、消化系统的机能状况，提高人体的抗病能力，增强有机体的适应能力；可以减缓你过早进入衰老期的危险；还能改善神经系统的调节功能，提高神经系统对人体活动时错综复杂变化的判断能力，并及时做出协调、准确而迅速的反应；使人体适应内外环境的变化，保持肌体生命活动的正常进行。

在心理上，运动具有调节人体紧张情绪的作用，能改人的心理状态，能增进身体健康，使疲劳的身体得到积极的休息，让人精力充沛地投入到学习、工作中。舒展身心，有助于安眠及消除学习、工作带来的压力，可以陶冶情操，保持健康的心态，充分发挥个体的积极性、创造性和主动性，从而提高自信心和价值观。集体体育项目与竞赛活动还可以培养团队精神。

开展业余体育活动可谓形式多样，品类繁多，如篮球、排球、乒乓球、羽毛球、足球，还可以跑步、游泳、爬山、学武术、下棋等等，所有这些项目，都可以锻炼体力和脑力，同时我们还可以从中体验到生活的乐趣。

正因为体育运动的魅力所在，很多中外名人都有自己喜好的体育运动，体育运动成为他们生活的一部分。例如毛泽东爱游泳，从 1956 年毛泽东第一次游长江，到 1966 年最后一次畅游，11 年间，毛泽东实际畅游长江四十多次；美国总统奥巴马爱打高尔夫球，10 个月内竟然打了 24 次；奥巴马的竞选对手麦凯恩是一名拳击爱好者，虽然七十多岁，经常到内华达州拉斯韦加斯拳击比赛现场观战。

体育运动也要讲求科学，参加什么因人而异，你可以选择适合自己或者自己爱好的运动。以下为你介绍几种比较适合的简单运动：

最好的有氧运动——骑单车。人的手和脚上有许多人体相应的穴位，当你紧握车把与用力蹬单车时，实际上已经不知不觉开始了身体的穴位按摩。骑单车不仅能借腿部运动使血液循环加速，同时也强化了微血管组织。而且当你骑着这种靠体力去踩的脚踏车，穿越周围像画卷一样美妙的风景，心情不禁畅快无比，顿时感觉这不仅是一种健身运动，更是一种心灵放逐的愉悦。

最好的抗衰老运动——跑步。试验证明，只要你持之以恒坚持健身跑，就可以调动体内抗氧化酶的积极性，从而收到抗衰老的作用。

最好的减肥运动——滑雪、游泳。这两项运动手脚并用，减肥效果最好。如果你有充沛的精力和时间，也可以选择登山运动。山间道路坎坷不平，有益于改善人体的平衡功能，增强四肢的协调能力，尤其是行走在没有经过人为修饰的非台阶路段，可使人体肌纤维增粗、肌肉发达，增强肢体灵活度。另外，在山巅之上极目远眺，可以解除眼部肌肉的疲劳，还可使紧张的大脑得到放松和休息。

最好的健美运动——体操。很少有人进行体操运动，其实这项运动对人体的塑造具有很好的功效，想要拥有完美体型的人不妨坚持进行健美操和体操运动。此外，这项运动还可以加强人体平衡性和协调性锻炼。

最好的健脑运动——弹跳。凡是增氧运动都有健脑作用，尤其以弹跳运动为佳，可促进血液循环，起到通经活络、健脑和温肺腑的作用，提高思维和想象能力。

最好的防近视运动——乒乓球。打乒乓球对于增加睫状肌的收缩功能很有益，视力恢复更明显。微妙在于打乒乓球时眼睛以乒乓球为目标，不停地远、近、上、下调节和运动，不断使睫状肌放松和收缩，大大促进眼球组织的血液供应和代谢，因而能行之有效地改善睫状肌的功能。

最好的抗高血压运动——散步。科学证明，可供高血压病人选择的运动方式有散步、骑自行车、游泳。散步通过肌肉的反复收缩促使血管收缩与扩张，从而降低血压。

想想一下，清晨早起，在运动场上跑跑步，一定会使你精神振奋、神采飞扬；当你一天学习、工作之余，在林间漫步一定会觉得神清气爽，有利于消除一天工作的疲劳；假日的爬山，一定会使你增长豪迈之气。总之，在业余生活中，经常参加一些适当的体育活动，不仅可以达到强健体魄的功效，还能振奋人的精神。

即使在学习和工作的过程中，你也有很多运动机会可以选择，比如多利用楼梯，少乘电梯；多争取机会走路，少乘汽车；看电视时，可在广告时间做一些伸展运动，弯弯腰、踢踢脚等。运动可以随时随地地进行，关键是要养成运动的习惯，把运动当作爱好，当作快乐和享受。

4. 真心真意爱一场，让甜蜜的爱情成为最难得的享受

人的一生，如果未能真心真意地爱一场，一定会是最大的遗憾！还有什么比爱情更热烈浪漫、更甜蜜芬芳、更流连忘返并享受其中的呢？真挚的爱情是人间最为圣洁美好、辉煌和永恒的情感之光，足以照耀我们长久的一生！

她和他结婚20年了。这20年来，俩人没吵过一回架，没拌过一次嘴。脸倒是红过的，却也是结婚以前的事了。那时，她还年轻，在一家车站上班。那个距水塘很近的车站，蚊子也多得吓人。大中午的，她去供销社买竹帘。在那里，她遇到了他，一个英俊帅气的小伙子。见到他的一刹那，她的脸不知为何红了。说话也张口结舌的，磕巴了半天他才听懂她要买竹帘。

婚后的许多年里，他时常说起她俩当年浪漫的邂逅。那天，他不仅没收她一分钱，还拿着钉子和锤子，顶着烈日帮她把竹帘安上了。她说：“也许一切都是命运注定的，不早一步也不晚一步，我去了，刚好你也在，我们遇见了。”

他是那种粗线条的男人，大口吃肉，大碗喝酒，为朋友两肋插刀，不计较个人得失；她是那种细致若丝的女人，做得一手好女红，又擅料理家事，典型的贤妻良母。他的线条虽粗，对她却不粗，甚至很精细，下班不管多晚，也总要在第一时间赶回家；她心是真细，对他偶尔犯下的小过失却忽略不计，她宁愿在那一刻表现自己的宽容。男人和女人的相处是一门艺术，而她和他把这门艺术发挥到了极致。

一晃结婚20年了。只要她在家，就从没让他自己动手用钥匙开过门。她家住五楼，往往他的脚步声刚传到三楼，她便早已先知先觉地站到了门边。待到他停在家门外，她早已打开了屋门，迎进来的是笑脸，是拥抱；关在门外的，是琐屑，是纷杂。她不忌讳在他面前做一个小女人，甚至不忌讳在儿子面前表现自己对他的爱。倒是他有些不好意思，晚上熄了灯小声跟她说："儿子大了，以后当他面儿，注意点儿。"她说："放心，儿子不会介意的。咱俩和谐了，他才能健康成长。他健康成长，咱们家才算是真正和谐。"他没再说什么，搂着她睡了，她的梦里全是他。

女人天生爱做梦，不管什么年纪，浪漫都是女人一辈子的追求。她当然逃不脱浪漫的宿命。过去条件不好，过生日时他送的无非也就是小卡子或针织围脖儿，抑或是出差从外地带回的小玩意，但她都小心珍藏着，收了满满一抽屉。那次，自家侄女来了，想扎头发没发带，她狠狠心，愣是没舍得把自己珍藏的发带给侄女。20年来，她如守财奴一样守护着他送的那些小玩意；20年来，她一如守财奴一样，守着他和儿子，呵护着这个家。

如今，儿子上了外地的大学，远走高飞了。她和他又回到当年的二人世界。人总要经历这样的过程，一个家也要经历这样的"分裂"：从二人世界到三口之家，再从三口之家回到二人世界。许多人再次回到二人世界时有些茫然无措，她和他不一样，这些年来，俩人从没忽略过对方，从最初，到现在，乃至将来。

傍晚散步的中年夫妻，大多像平行线一样保持着距离，在人前永远没有交点。只有她和他的手是牵在一起的。她不怕别人说闲话。她知道，她和他的浪漫不是装出来的，而是一种习惯。

就像她经常守在门内迎他进屋，等他的拥抱；就像她每晚临睡前，都要轻吻他的额头，这不是做给别人看的。有些事情一旦成了习惯，就像我们周身的空气一样，缺不得。

情人节时，他说要向年轻人看齐，送她一束红玫瑰，她全心期待着。前些天，她刚从网上新学了一招儿，可以把玫瑰放在微波炉里烘干做成标本。那样，她珍藏的“百宝箱”里就又多了一样纪念物。那样，许多年后，当她和他已经老得走不动路也唱不出歌的时候，回首往昔，她会自豪地说：“我们曾经真心真意地爱过，尽心尽情地享受过，我们不枉这尘世的一生！因为有爱，我们一直生活在幸福之中！”

是的，爱过就不后悔，真心真意地爱过，就不再有任何遗憾。爱情的浪漫和美丽数也数不完，但只要我们用心去感受，去体会，它无时无刻不在我们身旁。

真正的浪漫爱情，就是这样在至爱至亲的道路上，不管遇到怎样的情形，都会相互勉励与祝福，共同承受生活中的痛苦与磨难、幸福与快乐，一生一世。风风雨雨的人生，在几十年的经历中，谱下最真实的乐章。这就是爱情，不朽的爱情，弥足珍贵的钻石爱情。拥有了它，就可以踏踏实实地走自己的路，享受自己的生活。

然而爱情却也是最娇贵的一种感情，一不小心就会让爱情受伤。爱情也是人世间最残酷、最难以把握甚至最容易失去的情感。爱情让我们热烈如火，也让我们心冷如冰；爱情让我们踌躇满志，也让我们绝望灰心；爱情让我们心满意足，也让我们痛悔无门……爱情是世间最妖娆也最娇气的情感，一旦失去，就痛悔不及，永远难追，空留一腔浩叹和满眼泪水……

她23岁时遇到了他，那时她还是一个刚从英国读书回来的学生妹，而他已是无线五虎将里最招人的翩翩佳公子，眉眼如画，气质高雅，身边永远花团锦簇。可他的目光却越过这些人，看上了犹如丁香花一样烂漫的她。

她的心总是惴惴的，觉得自己不够高也不够美，根本配不上他。后来他们虽然走在一起了，可她的心还是如同一朵掉落进尘埃里的花。

就在她24岁那年，因为饰演了《射雕英雄传》里面的黄蓉，出人意料地红遍了全国，几乎所有人家的电视机里，都是她娇嗔可爱的身影。有人评价说，自她之后，世间再无黄蓉。

她渐渐忙碌起来了，总是有拍不完的电视剧。他却慢慢退出了公众的视线。

可他并不在意这些，反而很开心，终于可以有时间煲汤给她喝了，也可以帮她提沉甸甸的化妆箱，还可以帮她设计表演……他不是一个事业心很重的男人，只要能和她在一起，他就很满足了，他根本不在意别人只称呼自己为“阿翁的男朋友”。

报纸周刊的娱乐版总是刊登她和不同男子的照片，还有各种各样杜撰出来的绯闻。尽管他心里很清楚，那不过是报纸周刊吸引读者的把戏，可还是忍不住要诘问。她深爱着他，把他的怀疑看成是对自己的侮辱。两人每次总是闹得不欢而散，却毫无结果。

他开始示威了，或者说完全是出于报复心理——他也和其他女孩出双入对，甚至还默许记者拍下照片。而她的报复更决绝，她在他们的小屋里自杀了。

他终于知道，她的爱就是如此义无反顾，她要在他的生命里以退场做登台，化无为永恒。

在她的葬礼上，他将一枝红玫瑰放在她的鬓发旁，又拿出一把梳子，仔细地梳理完她的头发之后，把梳子一折两半，一半放在她身边，一半装进了自己的口袋——这是他家乡的风俗，结发夫妻永别时都举行这种仪式。

她从未告诉过他，她曾经去求过签，相士批给她八个字——“情海无舟，缘尽十八”。这也正是她为什么选择那个日子离开的原因，那天刚好是他们相识第18个月的最后一天。如果说这段爱情故事到此为止，并不是孤本，接下来的才是。

她的离去，把他逼上了人生的十字架，所有人都痛恨他的薄情。他本来应该是一个很有发展前途的艺人，可从此却很少有导演找他拍片了。对此他好像也并不在意，只是肆无忌惮地糟蹋自己那张脸，头发秃了，腰身粗了，脸蛋糙了。转瞬间，他变成了一个臃肿的沧桑男子。

她为他放弃了生命，他便用余生的不得意与孤独来偿还她。她已经不能再听到他的忏悔了，但他也因此永远不宽恕自己。

现在已经五十几岁的他，仍旧说：“如果有可能，我愿意用生命换回她。”

这就是翁美玲和汤镇业的爱情故事。

世间的爱，没有多少可以重来。失去了，就永不会再回来。这样的心伤，就是千次百次地回首，千回百转的思念，也不能平复的。不是每一份花前月下卿卿我我的爱都可以长久的，也不是每一份爱情都有福气在朝朝暮暮的相处中终老的。只是当我们惊叹于流星划过夜空时那道美丽弧线时，却忘记了它身后那片漆黑而又空洞的无尽黑暗。所以，当你拥有爱情时，一定要懂得珍惜，懂得用心去尽情享受爱情的美好与浪漫，别总是等到失去之后才追悔莫及。

热恋中的人，永远是最幸福、快乐和浪漫的人。因而更需要学会宽容、理解和付出，才能享受真正的爱情。既然和你爱的人在一起，什么都不要过分地解读，也不要套用爱情模式，不妨轰轰烈烈爱一场。

跟你爱的人，轰轰烈烈地爱一场。人生短暂，最难得的就是真爱。用心去爱你自己的，爱情的甜蜜就握在你的手中。要敢爱，那所有曾经的爱情标准，就都会变成你的：迷醉、伤痛、快乐、誓言、执著……爱他，就不顾一切地去爱去呵护。因为，爱，没有错；不要轻言放弃，也不要轻言一生一世，好好地享受现在，就是爱情的真谛。

人生不易，跟你爱的人，哪怕轰轰烈烈地爱一场，生命将不会留下遗憾。因为，你懂得了什么是真爱。淡淡地爱，会历久而弥香；浓浓地爱，会有浓得化不开的甜蜜；轰轰烈烈地爱，即使痛伤，也会红尘不枉！

所以，热恋时不要计较太多。当你亲密的爱人忙于工作，会先接客户的电话，然后再接你的电话时，不要生气；当他沉迷于自己的事情时，很有可能会连续几小时不和你说话，那么静静地等他忙完吧；当他和朋友聊天时，很可能会忽视你的存在，但这并不表示你不在他心里面；当他有隐私时，他会愿意一个人待着，那么请尊重他，而且理解他……你要享受爱情的甜蜜，就要承担寂寞的义务。

你也需要偶尔一个人，需要一个主控的自我空间，跳出和另一个人的关系，来审视自己。并且时刻提醒自己，对方也需要这样一段寂寞的时间。偶尔的寂寞，会让你更加珍惜爱情，也更加懂得如何建立亲密关系。

爱情其实就是一块晶莹的水晶，在折射出五光十色的同时，又像极易摔碎的玻璃一样脆弱，在随心所欲欣赏时，举手投足间彼此更要有一份小心翼翼的呵护。拥有爱情就要珍惜，在爱情的路上，只有懂得珍惜的人，才会有真正的幸福，才会享受到更长久的美好生活。

如果你还不曾恋爱，那么，做好准备吧。为了这世间最美丽的情感，为了这世间最难得的感受，真心真意地去爱一场，再枯燥的人生也会因此灿然生光！

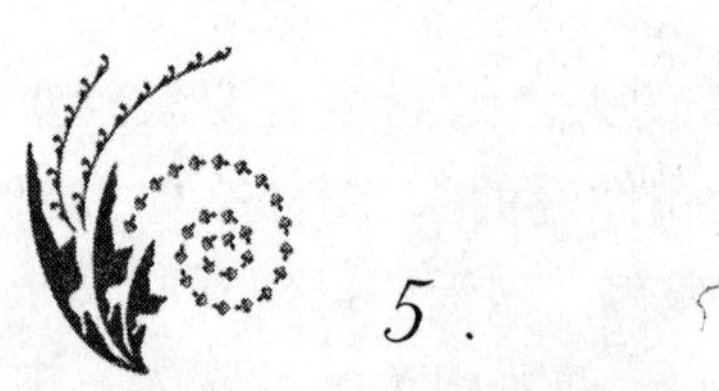

5. 珍视婚姻，把婚姻当成事业来经营

婚姻是爱情的升华，越是美好浪漫的爱情，越渴望进入婚姻的殿堂，越希望两个人能天长地久地相守，一直到地老天荒。但婚姻不仅仅是爱

情，婚姻意味着更多的责任，意味着相依相伴，相互扶持，相互支撑。爱情的浓烈和芬芳总是汹涌如潮一般地涌来，而婚姻中的爱则如细水长流，一点一点浸润着我们的人生，使我们长久的一生一直沐浴着爱的光芒。如果把寻找爱人看成是求职的过程的话，那么婚姻就如同我们的事业一样，需要我们用心去经营和付出，才能真正收获人生的硕果。

两个人结婚还不到一年，女人就已经厌倦了这样的婚姻生活，觉得没有一点意思，完全不是她当初所想象的那样。没过多久，她感觉自己实在无法忍受下去了，终于在一天晚上向男人提出离婚。

男人沉默很长一段时间之后，问：“能告诉我理由吗？”

“倦了，还需要别的理由吗？”女人说。

整整一晚上，男人没再说任何的话，只是在一边一根接一根地抽烟。

面对男人这个样子，女人心里想：“一个连挽留都说不出口的人，我跟他过一辈子怎么会幸福！”女人的心越来越凉，离婚的念头也越来越坚定。

不知过了多长时间，男人终于抬起头来问女人：“我该做些什么，才能把你留下来？”

“给你出一道题，如果你的答案和我心里想的一样，我就留下来。”女人继续慢慢地说道：“悬崖上长着一朵异常美丽的雪莲花，我非常喜欢，可是你去摘的话，结果百分之百会摔下悬崖，你会不会摘给我？”

男人认真地想了一会儿，说：“我明天早晨告诉你答案好吗？”

女人的心情顿时灰暗到了极点。

第二天一大早醒来，男人已经不在床上了。女人起身把窗帘拉开，回头见床头柜上的牛奶杯下压着一张写满字的纸，她拿起杯子，里面的牛奶还是温热的。

上面写着的第一行字，就让女人的心凉透了："亲爱的，我想告诉你的是，我不会去摘那朵雪莲花……"

女人真想把纸撕得粉碎，再狠狠地丢到垃圾桶里，但接下来的字还是让她打消了这个念头。

"下面，请允许我陈述自己不去摘的理由：你只知道用电脑上网打字，每次总会把程序弄得一塌糊涂，然后对着键盘哭，我要把手指留着给你整理程序；你出门经常会忘记带钥匙，我要把双脚留着好能够跑回来给你开门；你酷爱旅游，可是即便在生活了14年的城市里也常常迷路，我要把眼睛留着给你带路；每月当'好朋友'光临时，你总会全身冰凉，还肚子疼，我要把手掌留着来温暖你的小腹；你平时总爱待在家里，不大愿意出门，我要把嘴巴留着替你驱赶孤单；你总是长时间地盯着电脑屏幕，眼睛被糟蹋得已不是很好了，我要好好活着，等你老了，给你修剪指甲，替你拔掉令你懊恼的白发，拉着你的手，在海边享受美好的阳光和柔软的沙滩，告诉你每一朵花的颜色……所以，即便你很希望得到那朵雪莲花，可不能确定有人比我更爱你之前，我不想去摘那朵花……"

女人满含着热泪看完，心里充溢着甜蜜的幸福感。就在这时，响起了轻轻的敲门声。她飞快地跑过去，打开门，只见男人手里正捧着她最喜欢吃的鲜奶面包，站在门外，紧张得像一个犯了错的孩子。

恋爱需要投入，婚姻更需要经营；恋爱需要浪漫，婚姻更需要在平凡中点缀浪漫；恋爱需要理解，婚姻更需要宽容。所以要保持爱的长远，保证爱情不褪色，就需要用浪漫来点缀悉心去经营。婚姻中的浪漫并不一定要月光、蜡烛、鲜花或是甜言蜜语，婚姻中的浪漫是点点滴滴的关爱，是无微不至的体贴，是心意相通的默契。

晓雯边在厨房里做着晚餐，边不时抬头望一眼正在院子里修剪草坪的丈夫李强，嘴角挂着一抹温馨的笑意。

她和丈夫结婚都三十多年了，可彼此还是那么亲密，就如同一对新婚燕尔的新人。

“亲爱的，你觉得那里的草是不是还有些长？”

李强拉开窗户，半伸进头来，指着不远处的一片草坪问晓雯。

“不，刚刚好，你做得非常棒。”晓雯微笑着回应。

两个人都一大把年纪了，李强还总是称晓雯为“亲爱的”。

许多年前，当时李强还只是一名微不足道的小角色，在一家公司里做文职一类的工作。他那时很穷，甚至在打算向晓雯求婚时，连一枚像样点的宝石戒指都不能送给她。为此，他一度很沮丧。可他深爱着晓雯，他鼓起勇气来到晓雯面前，请求她能嫁给他，他忐忑不安地对晓雯说：“我没有钱，买不起戒指，但我爱你。”

面对这个因紧张而声音有些颤抖的羞涩男孩，晓雯笑了，说：“我相信你，就让我们一起努力吧。”

晓雯和李强结婚的时候，戴在手上的结婚戒指是几十元钱买来的便宜货。

原本平淡的婚后生活，因为晓雯的善解人意而显得欣欣向荣。总是第一时间把自己的幸福感告诉李强：“我非常喜欢你送给我的那台冰箱，比起那些笨拙的冰柜来，我觉得它更实用。”

“你帮我挑的这件衣服真合身，穿着出去既大方又好看，你真有眼光。”

“亲爱的，你是在哪里找到这盆花的？我最喜欢这种花了，谢谢你。”

“你说什么？整罐巧克力都是送给我的吗？真让人难以置信，没有比这更好的礼物了，亲爱的。”

“这双鞋实在太漂亮了！很适合我，不是吗？你真细心，亲爱的。”

对于晓雯这样的言语，李强的欣慰和幸福溢于言表，每当他看着晓雯那种陶醉的眼神，心里总是暖暖的，也更增强了自己努力向前的动力，用他的话说就是："这对我是最大的鼓励，让我知道自己应该做些什么。"

后来，李强开了一家自己的公司。当他用自己赚到的第一笔钱买来一枚真正的宝石戒指，并把它戴在晓雯的无名指上时，晓雯却没有像往常一样，而是满眼含着热泪和李强紧紧相拥在了一起。

他们的孙子现在都上小学了，他们的爱却依然如旧，这从他们相视一笑的眼神中就能够一览无余。当被问及他们是如何经营这段爱情的时候，晓雯说："用一颗真心去爱对方，并用真心来感受对方给自己的爱，我们一直是这样做的。"

或许在日复一日的生活中，我们会因渴望激情和浪漫的心而忽略了一直紧紧包裹着我们的幸福，于是开始艳羡那些书本里才有的爱情故事，觉得那样才轰轰烈烈，才不枉此生。殊不知，所有的繁华和热闹都只是路过而已。只有紧紧握在手中的婚姻，才是我们需要永恒去呵护和经营，并细心打理的幸福事业！

婚姻需要用心经营，也就需要经营的技巧。下面的几个小技巧，正是呵护婚姻、经营婚姻和保持婚姻幸福的小秘方：

(1)不要轻易地怀疑对方

偏执人格是一种病态的人格，这种人的婚姻往往是失败的，因为他总是在怀疑爱人是不是有外遇、是不是在谋害自己等，怀疑最终将所有的爱都打败了。两个人既然因为相爱走在了一起，就应该坚信对方对自己的爱。毫无证据的怀疑对方只能说明自己已经不爱他了。

(2)从一开始就要做你自己

不要为了跟某人结婚就改变自己，因为这种改变只是暂时的，等到你结婚以后你就会逐渐变回到原来的自己。所以从一开始你就要做你自己，这样在后来的婚姻中，你才能够更加真诚，你的爱人才能一如既往地爱你。

(3)记住三个最重要的词

第一个词是原谅；第二个是原谅；第三个还是原谅。世界上没有完美的人，所以也没有完美的婚姻，婚姻出现问题就去修复，但是只有修复是不够的，如果你不打算原谅对方的错误，对方做什么修复都是无用的。有时候与其说对方的错误毁掉了婚姻不如说是你不原谅对方的错误毁掉了你的婚姻。

(4)分担责任

夫妻不仅仅是睡在一起的人，更重要的是，他们一起分担。比如一方出现了经济危机或许失业了，另一方就有义务提供经济来源。不过这里讲的分担责任不仅仅指的是这一点，一些简单的小事情也需分担，比如做家务必须是双方分摊的。

(5)不要把完美的婚姻当做理所当然的事情

婚姻总是从完美开始，浪漫的婚姻让我们觉得，以后的生活都是完美的，这种心态让我们很难接受婚姻中的瑕疵，我们会因为一丁点瑕疵而大发雷霆，双方都会迅速地产生失望感，这样婚姻就岌岌可危。为了长久的发展，在婚姻一开始就要想到，婚姻总是从完美开始，逐渐走向不完美。

婚姻就像泡茶，第一道茶像恋爱，浓烈馥郁；第二道茶像新婚，清新可人；第三道茶则像刚过蜜月或蜜年的婚姻，平淡如水，但它却是由一个个平淡的爱情细节组成的，只要夫妻双方能够将每一个生活细节都演绎得爱意融融，只要在每一个生活细节里都注入关爱的心意，精心地打理，细细地经营，那么，他们所拥有的婚姻，就是最完美的婚姻。

6. 享受亲情，让家成为最宁静的港湾

家是唯一不需要戴面具可以随心所欲的地方；家是唯一真正尽义务不图回报的地方。家人是相互平等的，只有老幼之分，没有领导和被领导，没有上下级。家有你的爱、家有你的牵挂；家有你的义务、家有你的责任；家有你的幸福、家有你的快乐……有了一个家，生活才会更有意义；有了一个家，就会明白幸福的含义；当你开心的时候，烦恼的时候，不如意的时候，只有家才是最温馨的港湾！有了家的呵护，才能感受到爱的力量，情感的重要！所以，家、温暖和亲情，永远是人生里最重要的、最无法抹去的伤感和温暖。无论任何时候，家都永远是我们最宁静的港湾。无论我们的人生经历怎样的变故和磨难，家总会以最宽容的姿态接纳我们，在我们把一肚子的苦水倾吐完之后，重新给我们上路的勇气。

有一个白手起家的企业老总，在创业中克服形形色色困难的原因就是为了走出那个祖祖辈辈居住的小山村，他带着出人头地的梦想，义无反顾地踏上了征程。外面的世界并非如他头脑中想象的那样，他总是要受别人的气，看人家的脸色。从一个身无分文的打工仔到一个腰缠万贯的企业老总，他经历过太多的磨难和挫折。这么多年以来，他养成了一个习惯，就是每当心情烦躁或焦头烂额时，总会给父母打一个电话。

父母只是老实巴交的农民，也许分析不清这些让他为难的事情，也不能给出解答方案，其实他并不会告诉父母自己具体遇到了哪些困难，只想和他们随意地聊聊天。每当话筒里传出父母朴实关切的话语时，总能让他找到一种安慰和幸福，也得到一种鼓舞和力量。

在刚开始运作公司时，资金、技术、市场和人员等一系列的问题都需要他独自解决，那时，孤独和无助经常会阵阵侵袭而来。创业的艰辛没有让他掉下一滴眼泪，父母关切的叮咛却让他泪流不止。

一次，他给父亲打电话，随口说出了自己所在的城市刮了一周六级大风的恶劣天气。老父亲说：“要是太辛苦，就回来吧。”这时，他的眼泪再也忍不住了，决了堤似的不可收束，压抑了许久的情绪随着眼泪汩汩而下。他明白父亲的心，父亲是怕自己在外面受太多委屈，苦了自己。但也是这句话更加坚定了他的理想，他想：热血男儿总是应该有自己的事业，父母正在一天天老去，他们吃了一辈子的苦，艰辛了一辈子，我应该创出属于自己的一片天空，待父母年迈时，可以来此避雨取暖。

创业的艰辛总在父母的温情中淡化，感觉到累的时候只要想起父母苍老的容颜，就能重新找到前进的动力。一次又一次，帮助他坚定了信念，走向了成功。

亲情是人世间最深沉动人的情感，最恒久不变的深情。爱情会变色，友情会变淡，唯有亲情，永远为你守候，永远不会改变。失意的时候，我们第一个想到的就是家，就是那个永远也不会把我们拒之门外的家。在那里，我们可以洗去尘世的铅华，脱掉身上的伪装，安闲自在地品一杯清茶，或者跟兄弟姐妹、亲戚朋友悠闲地谈天说地，还可以坐在母亲跟前梳理她那干枯的白发。

家是所有人最牵挂的地方，哪怕只是三尺陋巷，一间茅房，家徒四壁，一屋破烂。只要有爱，只要有亲人，家就永远是最美好的地方。因为家中是最爱我们的人，有我们最爱的人，有最亲的人，有最深的亲情。

亲情是什么？亲情就是爱。父母之爱儿女之爱兄弟姐妹之爱。人有了亲情之爱，才能感受到血浓于水的真情。每一个人都是在浓浓的亲情呵护下，成长为顶天立地的人。亲情之爱，正是人间大爱！

有一位父亲带着六岁的女儿坐三天的船去大海的另一边与她的母亲会合，这位父亲一路上极力照顾女儿。但是不幸在瞬间降临，在他正在为女儿削水果时船遭遇风浪剧烈颠簸，他倒在地上，刀插进了胸口，他那六岁的女儿尖叫着扑过来喊爸爸，他搂着女儿，努力地坐起来，笑着对女儿说，没事，只是摔了一下，然后自己偷偷拔下了刀。

以后的三天一切继续，他照样为女儿唱歌，照顾女儿吃饭睡觉，只是他的脸越来越苍白。船要到达的头天晚上，他搂着女儿，对她说：女儿，爸爸爱你。明天见到妈妈，你也告诉她，爸爸也爱她，好吗？

第二天早晨，船终于到了，当女儿欢叫着扑向妈妈时，他终于倒了下去，胸口血流如注。医生检查后发现，那把刀其实在三天前就刺穿了他的心脏，大概是刀太快拔出时让伤口暂时闭合而使他为了女儿多活了三天，但这三天里血一直在流，他却没有让女儿知道，因为怕女儿害怕。

为了儿女，父母甘心献出一切！正是这样无私的爱，才成就了一代又一代儿女的似锦前程，才有了永远唱不尽道不完的父母恩情！

亲情是唱不完的歌，亲情是诉不完的爱！一个懂得热爱事业、为自己的人生幸福不停奔忙的人，更要懂得呵护亲情，享受亲情之乐，关爱自己的父母，珍爱自己的妻子，疼爱自己的孩子；拥有一个温暖的家，拥有亲人无私的爱，才知道生命的美丽，才懂得幸福的含义。父母、爱人、儿女、兄弟姐妹，有了他们，我们就有了幸福。那朴素的亲情，绵长持久，让人久久回味。

7．交朋结友，享受纯真的友情

朋友和亲人一样，是人们在社会生活中不可缺少的一种人际关系。人是社会的人，不可能独来独往，或是只与自己的家人来往。每一个人都有复杂的人际关系，都需要各种各样的朋友。

古往今来，无论是达官显贵，还是贩夫走卒，也不论是正人君子，还是鸡鸣狗盗之徒，人人都是要结交朋友的。因为朋友不仅是我们事业的助手，更是我们情感的寄托。当你需要帮助时，朋友可以伸出援助之手；当你被欺负要找人诉苦时，朋友正是诉苦的好对象；当你取得成功需要人分享时，朋友可以同你一起高歌；当你需要安慰时，朋友就可能是你心灵上的支柱。如果没有朋友的存在，人生就缺乏了应有的欢乐。所以，交朋结友，享受纯真的友谊也是人生一大赏心乐事。

俞伯牙，本来是春秋时期楚国人，在晋国做官，官至上大夫。他从小就酷爱音乐，琴声不仅优美动听，而且意境高远。虽然有许多人称赞他的琴艺，但他却认为一直没有遇到真正能听懂他琴声的人。他一直在寻觅自己的知音。

有一年，俞伯牙奉晋王之命出使楚国。在完成使命之后，他决定改走水路返回复命，以便于一路游山玩水，探访知音。有一天，他行至今天的汉阳江口，忽遇大雨，江面风急浪涌。他便命船家就近停泊在一座小山下。这一日，正是八月十五中秋节。

晚上，风止雨停之后，望着迷人的景色，俞伯牙兴致大发，便命童子焚香摆琴，意欲弹奏一曲，以遣情怀。然而，一曲未了，断了一根琴弦，俞伯牙顿觉惊讶，古人有一种说法，人在弹琴的时候，如果突然断了弦，就表明有人偷听或者预示着某种不祥之兆。俞伯牙忙命令仆人上岸，到芦苇丛中或者树荫深处搜寻。

这时，岸上突然有人答话说："船上大人不必生疑，小子并非奸盗之徒，乃是樵夫。只因砍柴归晚，遇到风雨，在崖石下避雨，听见你弹琴，我就听了一会儿。"俞伯牙颇不以为然地说道："打柴之人也敢说'听琴'二字，岂不是假话。"樵夫并不示弱，回击了他的话。

俞伯牙见此人言语不俗，便进一步问道："既然你能听琴，那么，我问你，我刚才弹的是什么曲子？"樵夫笑着回答说："大人刚才弹的是孔子赞叹弟子颜回的曲谱，只可惜，您弹到第四句的时候，琴弦断了。"并随口吟出了第四句的歌词。俞伯牙听了樵夫的这番回答，不禁喜出望外，忙邀请他上船来深谈。

俞伯牙决定考一考樵夫，便指着手边那把属于稀世珍宝的瑶琴问道："你既然能听琴，一定认识这把琴吧。"樵夫不慌不忙将琴的名称、来历、材质、构造、音色，以及弹奏要求和相关的古代传说，说得详详细细，清清楚楚，丝毫不差。

听了樵夫的这番讲述，俞伯牙心中不由得暗暗佩服，接着又试探樵夫对音乐意境的理解。当伯牙弹奏的琴声激越高亢时，樵夫说："巍峨壮美呀！大人志在高山。"当琴声变得清新流畅时，樵夫说："宽广优美呀！大人志在流水。"

至此，俞伯牙彻底叹服了，想不到自己渴求多年的知音就在面前，如此神交契合，真是相见恨晚。他立即站起来，紧紧抓住樵夫的双手，命仆人摆设酒宴，款待知音。席间，两人互通了姓名。樵夫名叫钟子期。俞伯牙主动提出结拜为兄弟，日后生死不负。

俞伯牙意犹未尽，邀请钟子期随船同行几日。钟子期推辞说，家中有年迈的双亲，需要早晚侍奉。俞伯牙又进一步邀请钟子期到晋国去。钟子期仍然诚恳地拒绝了。钟子期对父母恪尽孝道，对朋友忠信诚恳的品格深深感动了俞伯牙。俞伯牙当即表示，自己在明年这个时候，还是到这个地方来与钟子期相会。

第二年中秋前夕，俞伯牙如约来到了汉阳江口，可是不见钟子期来赴约，于是他便弹琴召唤这位知音，还是不见人来。第二天，俞伯牙便离船登岸，打算到集贤村去寻找钟子期。在路上向一位老人打听，才知道钟子期不幸染病，已经去世了。老人告诉俞伯牙，钟子期临终前要求埋葬在江边，说是早与朋友约好了，八月十五在汉阳江口相会，自己要在约好的地方等待朋友到来。

听了老人的叙说，俞伯牙悲痛万分。他找到钟子期坟前，整衣下拜，放声大哭，然后坐在坟前的祭台石上，心手相应，情真意切地弹起了思念朋友的歌曲。俞伯牙肝肠寸断，弹奏的曲调也悲切凄婉。弹毕，俞伯牙长叹一声，割断了琴弦，将心爱的瑶琴在石阶上摔得粉碎，无限悲哀地说：“我唯一的知音不在人世了，这琴还弹给谁听呢？”从此，俞伯牙再也不弹琴了。

“俞伯牙摔琴谢知音”的故事千百年来一直是中华民族表达朋友情谊的集体原型意象。

生命是一场漂泊的漫漫旅程，遇见了谁都是一个美丽的意外。珍惜每一个可以让你称作朋友的人，就会赢取幸福。财富不是一辈子的朋友，朋友却是一辈子的财富。有时候你会被朋友的一句话触动，因为真诚；有时候会为朋友的一首歌感动得泪流满面，因为动情；有时候会把与朋友一起的回忆当作习惯，因为思念；有时候会自觉不自觉地给朋友发出一条短信，因为牵挂。真心的朋友是最值得我们去珍重的，不要等到无法挽留的时候才幡然悔悟，不要等到覆水难收的时候再来设法弥补。我们要关心朋友，珍爱朋友和帮助朋友，与朋友一道共同创造财富，共享美好生活。

有朋友的日子里心情似阳光灿烂，有朋友的日子幸福绵长。朋友的相处，虽不是暮暮朝朝，如醴如饴，但在相聚时彼此呵护，分开后彼此牵挂。朋友有比音乐更优美的旋律，有比抒情散文更深长的意味，有比诗歌更美丽的飘逸，和朋友一起刚刚走过昨天却又期待着明天。有朋友的时候你发现自己已经拥有了一切，会由衷地感慨：有朋友真幸福！

第八章

培养生活的情趣，有情趣的生活决不会单调

生活情趣，是指一个人对待生活的态度、情味和乐趣，是我们享受生活的精彩、乐趣和意味的技巧，也是摆脱生活的单调、让日子过得兴味盎然、多姿多彩的秘诀。生活的情趣，犹如一颗颗快乐的种子，一旦在心田种下，就会生根发芽，并渐渐长大，带给我们无尽的快乐和生趣。所以，多培养一些生活的情趣，我们的生活就绝对不会再单调枯燥，而会绚烂多姿，有滋有味，活色生香，灿然生辉。

1.

培养爱好，让 8 小时之外情趣盎然

一个人每天工作 8 小时，睡眠 8 小时，还剩下的 8 小时就是业余时间。这相当于其生命的 1/3。在这 8 个小时内，除去吃饭休息，如果能将剩下的时间好好利用，哪怕每天利用两个小时，一个月就是 60 个小时，一年即为 720 个小时，等于 30 天。加上双休日、节假日，一个人一年的业余时间有一百五十多天。所以，千万不要把“业余”当“多余”，而要充分利用业余时间，培养自己的情趣，打造自己健康充实的业余生活。

有一门业余爱好，并能将其发展到很高的水平，可以改变你的人生。业余爱好不但是工作之外的心灵寄托，也是生活中不可或缺的养料。没有业余爱好的人，工作之余容易产生空虚的感觉，他很可能会觉得生活很无聊，不能在闲暇时光中感受生活的幸福。而多多培养自己的业余爱好，不仅让自己的生活更充实，还能让工作更出色。

如读好书可增长知识、益智健脑，登山、游泳等体育运动可强健体魄、磨炼意志，音乐、艺术可陶冶情操等等。健康的生活情趣可以放松紧张的情绪，驱赶身心的疲惫，享受生活的美好，陶冶高尚的情操，提升人格的魅力。因而培养健康积极的爱好，正是培养我们生活情趣的重要内容。

生活情趣，无关乎权势、金钱和地位。位高权重的人未必有生活情趣，腰缠万贯的人未必有生活情趣，地位显赫的人也未必有生活情趣。倒是那些生活不一定富有，但善待生活的人往往很有情趣。

列宁喜欢弈棋,爱因斯坦爱好拉小提琴,朱德喜爱种兰花,毛泽东喜欢游泳,并多次“万里长江横渡”,显示出他那“不管风吹浪打,胜似闲庭信步”的宽广胸怀和坚定信念。

就连人们普遍认为冷峻的鲁迅先生,其实也是十分有生活情趣的人。

种花 。鲁迅一生喜爱花草,即使没有栽种的地方,也爱在书桌上摆上一盆绿色的生命。

看戏。鲁迅先生从小爱看绍兴的戏曲。有一次,他还在民间演的目连戏中自告奋勇地扮演了一个角色。

鲁迅先生还喜欢篆刻、猜谜、养鱼、绘画,并且在这些方面都有所研究。

现代人的生活是丰富多彩的,就像太阳光中包含着七色光彩一样,除了学习、工作以外,你还应该有丰富的业余生活,以增加生活的色彩,从中感受生活的乐趣,否则日子就像墙上的挂钟一样变得单调乏味。工作不是生活的全部,懂得享受生活的人,也是懂得培养自己各种各样爱好和兴趣的人。这些爱好和兴趣会让我们的生活更加精彩。在紧张的工作之余,也放松放松,娱乐娱乐,无疑对我们的工作和生活都是有益无害的。

今天,随着物质文化生活条件的不断改善,随着社会文化娱乐事业的发展,人们的审美情趣在提高,娱乐方式在增多。书法、美术、摄影、舞蹈、垂钓、集邮、健身、收藏等等,五光十色的富有情趣的文化娱乐活动,为生活增添了无穷乐趣,也陶冶着人们的情操。我们尽可以选择自己所喜欢的爱好,着力进行培养,也足可以把我们业余的八小时之外过得精彩纷呈,滋味无穷。

比如读书练字既可以提高文化素养、丰富精神世界,又可以锻炼毅力和陶冶性情;爱好集邮,可以从搜集和整理邮票的过程中了解世界各国的历史地理、风土人情,翻开集邮册就仿佛在世界漫游了一遍,长了许多知识;棋类活动可以发展人的智力,锻炼逻辑思维和辩证分析能力,强化战略战术思想和思维的周密性、灵活性;爱好戏剧或电影,可以使人在光与影的交织中体味世间冷暖、启迪人生智慧、激励拼搏精神；即使是登山、打球、健美等体育运动，在练就强健体魄的同时，也还磨炼了一个人坚忍不拔的意志和品格，为我们的工作打下良好的心理和生理基础；喜欢听音乐不妨业余时去欣赏音乐会，或是去 KTV 自娱自乐，唱几首动人的歌曲；爱好文学不妨多买些自己喜欢的书来读，偶尔也还可以动手写几首诗，陶冶自己的情操；喜欢旅游的人，何不趁八小时之外的业余时间去看看祖国的锦绣河山和一直心之向往的地方，一饱江山如画的眼福；喜欢绘画的人，也不妨通过自己的画笔，画出绚丽的现实和未来的理想……兴趣不一而足，各人喜爱什么，不必强求一律，也不必强求自己一定要达到多么高的成就，只要自己喜欢就好。因为只要能让我们的生活开心一些，多彩一些，有滋味一些，就足够了。

2.

轻松的阅读也是一种快乐的享受

读书是一种精神享受。在书中所获得的智慧、力量、快乐、感悟……是一生也挖掘不竭的宝藏，享用不尽的宝库。书中自有黄金屋，字字句句无价宝。打开书，就像走进五彩缤纷的思想丛林，绿草如茵，花团锦簇，彩蝶飞舞，小鸟欢唱，一派生机盎然的美景，令人心旷神怡，美不胜收。在浩瀚的书海里遨游，你一定会找到属于自己的一片绿洲和一处风景。这种精神上的满足，是人永远向上的不竭动力，更是人不断进步的坚固阶梯。

莎士比亚曾说："生活里没有书籍，就好像生命中没有阳光；智慧里没有书籍，就好像鸟儿没有翅膀。"孟德斯鸠说："爱好读书,就能把无聊的时刻变成喜悦的时刻。”笛卡尔曾经说过:“读好书就像是和过去最优秀的人交谈一样。”读好书,交高人,乃人生两大趣事。

而读书却将二者完美地结合在一起了。以高人为伍,与智者同行,这就是从读书中获得的至纯至美的生活境界。

对于爱读书的人而言,没有什么比轻松愉快的阅读更令人享受的事情了。正如哲人培根在其《论读书》中所述:“读史使人明智,读诗使人灵秀,数学使人周密,科学使人深刻,伦理学使人庄重,逻辑修辞之学使人善辩:凡有所学,皆成性格。”不管什么样的书,都能增添我们生活的情趣,补充知识。通过读书,我们能领略到心灵的快乐,智慧的美丽。对于喜好读书的人而言,读书是生活之必需,几天不读书,便寝食不安,无从自适。因为读书已经成为习惯,成为必需,成为生命中最重要的精彩。如果失去读书之乐,势必会让我们觉得人生枯燥无味。这种生活的乐趣是其他任何休闲方式所不能替代的。很多名人都有读书这一大嗜好,甚至到了“痴迷”的地步。

闻一多读书成瘾,一看就“醉”。结婚那天,洞房里张灯结彩,热闹非凡,亲朋好友登门贺喜,迎亲花轿都快到家时,人们却到处寻找新郎。结果,闻一多正迷“醉”在一本书之中,忘记了结婚的大事,当人们找到他时,他仍穿着旧袍。

著名的数学家华罗庚读书的方法与众不同。他拿到一本书,不是翻开从头至尾地读,而是先对着书思考一会,然后闭目静思。他猜想书的谋篇布局,斟酌完毕再打开书,如果作者的思路与自己猜想的一致,他就不再读了。华罗庚这种猜读法不仅节省了读书时间,而且培养了自己的思维力和想象力,不至于使自己沦为书的“奴隶”。

相声语言大师侯宝林只上过3年小学,由于勤奋好学,他的艺术水平达到了炉火纯青的程度,成为了有名的语言专家。有一次，他为了买一部明代笑话书《谑浪》，跑遍了北京城所有的旧书摊也未能如愿。后来，他得知北京图书馆有这部书，就决定把书抄回来。当时正好是冬天，北京的冬天大风大雪，侯宝林一连18天都跑到图书馆里去抄书，一部十多万字的书，终于被他抄录到手。

数学家张广厚有一次看到了一篇关于亏值的论文，觉得对自己的研究工作有用处，就一遍又一遍地反复阅读。这篇论文共二十多页，他反反复复地念了半年多。因为经常的反复翻摸，洁白的书页上，留下一条明显的黑印。他的妻子对他开玩笑说："这哪叫念书啊，简直是吃书。"

文学家高尔基也是爱书如命。有一次，他的房间失火了，他首先抢起的是书籍，其他的任何东西他都不考虑。为了抢救书籍，他险些被烧死。他说："书籍一面启示着我的智慧和心灵，一面帮助我在一片烂泥塘里站起来，如果不是书籍的话，我就沉没在这片泥塘里，我就要被愚蠢和下流淹死。"

与这些名人比起来，由于普通人的主要兴趣不在这方面，很多人难以达到他们对读书痴迷的程度。对普通人而言，在闲暇之余，不需要体验过去"头悬梁""锥刺股"式的痛苦，只是将读书视为一种休息、一种解脱、一种消遣和一种快乐的方式。疲劳时，读书可以解困；烦闷时，读书可以宽心；兴奋时，读书可以警醒；悲伤时，读书可以忘忧；失落时，读书可以励志，从书中我们体会到的是"悦读"的快乐。

读书是一件快乐的事，首先要有浓厚的兴趣，你必须选择一本自己喜欢看的书，不然的话，就无法从书中感受到乐趣。不要读任何无法吸引你的书，这是一条适用任何时候读书的原则。你可以选择一本以前看过的书，或一直想要读的书，或者是最后一分钟才从脑袋中冒出来的一本书。你可以窝在床上看，靠在沙发上看，也可以搬个椅子到室外看书，不过一定要注意保护视力。如果这本书抓住了你的注意力，引起了你的兴趣，那就继续下去，你会从中获得知识或快乐。如果你在半小时之后，还没有被这本书的内容吸引住，那么把它放下，换另一本吧！

“悦读”是很重要的。当然，不要去阅读一些有害思想健康的书籍，同时在读的过程中，不妨加入一些思考，这样不仅有利于记住书中的东西，还能增加你的一些看法，至少做到有些收获。读书如同吃饭，不仅是一种需求，还要“消化”掉。

读书对于不同的人有不同的乐趣，但是读书给人恬淡、宁静、心安理得的快乐，却是名利和金钱不可比拟的。如果你的生活没有书籍相伴，你一定会觉得缺些什么。为了不让自己的生活留下遗憾，拿起书吧，相信你一定能从中获得不少乐趣。当工作中遇到不顺心的事时，不妨找本自己喜欢的书，专心去读，去和书中的主人公对话，向他们诉说你的苦楚与无奈；生活中当我们寂寞难耐时，不妨伴着雨声，打开一本书；而偷得浮生的半日闲时光，则不妨拿一本书，与阳光、小雨、清茶做伴。在暖日洋洋的午后，在小雨淅沥的清晨，在舒适的书房或者阳台，泡一杯清茶，随意而坐，捧起一本书，你的休闲时光就这样惬意地开始了。或者是一本小说，或者是你喜欢的作家的随笔集，或者是一本配有作者心灵抒怀的赏心悦目的画册，捧起来，你的思绪不再乱，你的心情不再浮躁，你的心暂时远离了那尘世的喧嚣，进入了超凡脱俗的纯净空间；又或是在安静的午夜，拥被倚枕，捧一本好书随便翻到哪一页，悠然地读，读到困意来袭，然后在自觉或不自觉中，拥书而眠，梦中也还有书香弥漫……

美丽的人生从读书开始，美好的生活不可缺少好书的陪伴。读书终身受用，好书相伴，人生将无怨无悔，生活才有滋有味。

3.

在悠扬的音乐中度过一个宁静的午后

有人说，音乐是放松心情，舒缓压力，医治心伤的良药。的确如此，音乐有一种神奇的力量，它可以直抵人的心灵，唤起无尽的遐想，勾画出生动的画面，让你心旷神怡，也可以让你心痛到流泪。

当今社会，喧嚣的现代都市已没有了田园般的宁静，每天陀螺般的快节奏令人内心焦灼窒息，人生在世，谁都逃不出三分惆怅七分无奈，而音乐恰恰是调解心绪的最佳良药，陶醉在音乐中，放松紧绷的神经，营造出快乐的心境。尽管生活中希望与回忆相间，悲伤与喜悦相杂，碧绿与金黄相混，有阳光有黑暗，生活给了我们太多的忧伤与无奈，但若融入音乐中，放飞心灵的音符，就会回归到我们内心的最初纯净的领地。有音乐做动力，生活就不枯竭；以音乐做指引，情感就不盲目，营造音乐般人生，便会更懂得该如何对待生活。音乐会使你摈弃烦恼，给心情以舒缓。

音乐如一个知心的朋友，鼓励和开化了某个时期苦涩的日子。一个人的时候喜欢听歌，有些歌词真的就是生活的感悟，给人以启迪，催人奋进，使人愉悦。

那些空旷激荡的民歌，让人心潮起伏，激情澎湃；那些空灵澄澈的器乐，让人轻松入静，若风拂面；那些高亢低沉的流行乐曲，让人回归自然，人性流露。

流行音乐则一直走在时尚的前列。浅显易懂的歌词，朗朗上口的曲调，非常容易流行。听着这样的歌曲，不再想任何复杂的人和事，也不必再转弯抹角地揣摩人的心思，只要安静地沉入这种简单而直白的表达中，就能轻易地被音乐俘虏，度过一段惬意的时光。

严谨端庄的古典音乐在任何什么时候也不会过时。不论是在慵懒的午后，清明的清晨，抑或安静的深夜，都是适合的。那种听过无数遍却依然能带给我们无穷的感悟的“荡气回肠的乐章”，总能把我们带入一个新的世界。

而那种轻轻柔柔的轻音乐很适宜营造环境的氛围，在悠闲的周末，在一家人幸福相守的时候或是约会时，都是合适的。这样的乐曲让人内心安宁，情丝轻绕，让心与心贴得更紧。

还有那种震撼人心的摇滚乐是情绪的调和剂。那些乐曲，那些歌词，就那么直通通地打进心房，让心尖都为之激荡，为之震颤。

至于那些乐器，那些承载着音乐的精灵，那些优雅清幽的天使，更是无时无刻都能抚慰我们的心！

比如琵琶。一曲《春江花月夜》，在纤尘不染的夜空中，一轮孤独的圆月向大地泼洒着清辉，一个怅然落魄的诗人，踩着潮涨潮落的沙滩，思念着自己的情人。随着乐曲的倾泻，美丽凄迷的月开始从东山缓缓地升起，放眼望去，水天一色，失去了原本的界限。柔美而低沉的箫声起了，悠扬的渔歌从远处如丝如缕地飞来，水鸟归巢了。这时的琵琶催动了晚江的渔舟，群舟竞发，浪花飞溅。一咏三叹，层层递升，波浪随着音乐盘旋打转，橹声渐近渐远，思绪飘起来。渔舟终于散了，江天又回到原始的宁静中。这是怎样的天籁啊！音乐抚慰着心灵，向着幽深静阒的共鸣中沉落。

再比如说二胡。微雨的午后，聆听阿炳的《二泉映月》，眼前总是浮现这样一幅情景：幽怨的斜雨淅淅沥沥地落着，巷子地面上的青石已磨砺得支离破碎，凄凉哀怨的二胡声从巷底传来，只见一个瘦弱的老媪用一根竹竿牵着一个瞎子从雨中走来。阿炳拉着二胡，在无尽的细雨中发出悲凄欲绝的袅袅之音。

古琴的韵味中则有着旷世的孤寂和清高，就如弹奏《广陵散》绝响的稷康般，神情萧索，孤高绝世，那悠悠的韵味，似乎从千年前绵延而来，带着绝世的清雅款款而来……

而笛音则如古诗，既铿锵又婉转，让人联想到野风遗韵，田园牧歌，是诗意的最佳载体。它时而欢快，时而怅惘，时而思念，时而悲慨。“杏花疏影里，吹笛到天明”；“芦花深处泊孤舟，笛在月明楼”；“残星几点雁横塞，长笛一卢人倚楼”……

还有唢呐、埙、扬琴、古筝、笙、箫、管……每一件乐器都有自己的灵魂，有自己的倾诉方式。它们的灵魂同我们的灵魂交融，轻轻抚过我们在忙乱中日渐粗糙的心，像天使的翅膀带起来的丝丝微风，音乐恒久地抚慰着灵魂……

音乐抚慰心灵，我们将在音乐的抚慰中获得力量和激情，获得宁静和优雅。暖暖的午后，慵懒的阳光，泡一杯茶，捧一本书，放着或轻柔或神秘或激昂或无聊的音乐，让自己度过整整一个有音乐相伴的下午时光，又何尝不是人生至美的享受呢？

4. 提高自己的艺术品位，琴棋书画都是生活的享受

琴棋书画，是古代读书人必备的技能。而在当今时代，这些已经成为我们休闲娱乐的兴趣和爱好，已经与我们的生活脱离。但是，这些纯粹的艺术，无疑是提高我们的艺术修养和品位，提升自己的个人素质的重要内容。更重要的是，能使我们回归到艺术的纯粹和自然之中，忘却一切的烦恼与忧愁，享受到生活和艺术的无尽乐趣。

那么我们如何来提高自己的艺术品位和修养，享受艺术带给我们的生活乐趣呢？著名美学家王朝闻先生的见解可谓一语中的：

有一次，摄影家蒋齐生问美术家王朝闻先生：“如何才能提高文化艺术修养呢？”

王朝闻的回答只有两个字："欣赏。"

所谓欣赏，就是对文学艺术作品的研读和品味，发现艺术作品中的美，并感悟和接受这种美。聆听琴音悠扬，欣赏绘画，吟诵诗歌，抑或自己涂鸦临摹，都是欣赏的一方面。欣赏的过程其实就是提高我们艺术品位的过程。

比如我们欣赏国画，就要懂得国画艺术常以画面上的空灵和空间的宽松缜密相衬来表现作品的主题，往往要透过表层的形象，方可看到画中深层的意义。国画的笔墨韵味、意境风采，点、线、面与色、空、体的结构等都独具魅力。反复欣赏和体味绘画艺术，琢磨其中的奥妙之处，对我们提高艺术修养有帮助。

当你去钻研书法时，你会被甲骨文的高古深邃、篆书的古茂雄健、隶书的典雅秀美、楷书的端庄和谐、行书的流畅自然及草书的飞动飘逸深深吸引，感慨中国书法艺术的多彩多姿。当你翻开历史的画卷时，你会惊叹流丽的彩陶、沉迷青绿水墨、感叹流派的纷呈、画技的娴熟，惊叹永远鲜活的历史画卷。当你笔走龙蛇、泼墨丹青时，你会在点、线、章法、结构的玩味中陶冶性情；当你体会意境时，你又将于无声中实现情感的升华。如果遇到同道，你还可欢聚一堂，相互观摩，相互切磋交流，这也别有一番情趣。

书法、绘画毕竟属于艺术的范围，爱好者利用业余时间学书法、学绘画，不是一蹴而就的，需要长期的坚持和努力。此外，爱好者还应提高自己对书画的鉴赏能力。所谓爱好，并非要达到某种高度，自娱自乐，自得自求，其乐无穷。这是一种消遣和休闲，一种自我修养和自我满足，又何必要求过高？

棋则更是娱乐。当你刚刚结束一个无聊的例会回到家后，和家人或是朋友下盘棋，那种全身心的投入，不但陶冶了情操，还能让你遗忘工作中的疲劳。中国象棋不仅是中国人的最爱，也是最简单、最方便的休闲之乐。只要有一副象棋，一块空地，两个空闲的人，无论贫富、老少、男女皆可对弈几局。瓜棚豆架之下，闹市茶寮之中，田间地头，室内屋外，处处可对弈，时时可娱乐。

琴棋书画并称为四大雅事，也是极具艺术气韵的休闲娱乐活动。若是有闲情，也有雅致，何不操琴一乐，对弈一局，抑或笔走龙蛇，尽兴涂鸦一回，也是人生乐事！

5. 捏捏软陶摄摄影，把艺术带进生活

生活的情趣丰富多彩，不胜枚举。我们尽可以按照自己的喜好和乐趣来选择，只要能为生活增添情趣，又何必在乎喜欢的是什么呢？近年兴起的各种“DIY”式的集艺术和娱乐于一体的活动，如自制陶器、捏软陶、摄影等，也是享受生活的好选择。

软陶是一种人工的低温聚合黏土，从外形上看，它和彩泥（也就是我们俗称的橡皮泥）十分相似，在常温下它柔软如泥，有非常好的延展性和可塑性。与彩泥的不同之处，在于它可以经过 100℃～120℃ 的烘烤，烘烤之后便可定性，并有一定的硬度，从而能够长期保存。

软陶艺术是一种趣味盎然的手工艺术创作，主要是由太白粉、油与化学材质所构成的聚合性陶土。自制软陶通过手部的揉、搓、捏、贴、插、撕、扭、拧、接、刻、压、黏合等动作，必要时再辅以身边常用的简单工具，如直尺、牙签等与图案创作的拼贴后，完成各件作品的制作，再经由烘烤、磨洗与抛光等步骤，一个个美丽动人的软陶作品才得以完成。由于软陶作品系经由原色土的搓、揉与图案创作的拼贴，所有图案皆为陶土本身之颜色，非彩绘而成，不必担心使用过程中颜色脱落。软陶以纯手工制作，每一件软陶作品，很难完全相同，因此极具独特性，是不可多得的饰品，这是一个充满个性讲究品位的年代，独一无二的软陶饰品永远是时尚一族的追求。因而，做软陶不仅可以提高自己的艺术品位，丰富我们的业余生活，还可以得到亲手制作的实用的家居用品，把艺术很好地融入到了我们的生活，何乐而不为呢？

相对于软陶的复杂工艺，摄影则简单得多。因而更被当代的年轻员工们所喜爱。因为摄影不仅更容易学会，更具有艺术性，生活中也更实用。对于爱好摄影的人而言，这种艺术也有着无从替代的魅力。

从13岁那年起，俞斌就对摄影产生了兴趣。虽然对摄影很痴迷，但是上大学时他并没有选择摄影相关的专业。亲友就疑惑地对他说："既然你那么喜欢摄影，那为何不报摄影专业呢？"这时俞斌总是笑着说："我只想把摄影当做我的业余爱好，我害怕离它太近，反而会厌倦。"

大学一年级的时候，俞斌利用兼职为自己赚足了购买相机的钱，然后一有机会就练习摄影。大学里自由支配的时间很多，别的同学或是在宿舍里睡大觉，或是在网吧里打游戏，再不然就是谈情说爱。但是俞斌把业余时间用来练习摄影，还与学校的一位摄影老师成了朋友，而且从那位老师身上学到很多摄影技巧，吸取了很多摄影的经验。

最初，俞斌练习拍摄动景，例如行驶的汽车、奔跑的人群或校园里行走的同学，都是他拍摄的对象；接着，他又练习静态摄影，建筑、山水，成了他拍摄的素材；再后来，俞斌开始练习拍摄动物，那池塘里的鸭子，成天被他追得呱呱乱叫。

带着对摄影的这份热爱和执著，俞斌毕业了。不巧的是，正值金融危机，当学友们都抱怨工作难找的时候，俞斌靠着自己的摄影技能在报社找到了一份工作，并且待遇相当不错。虽然他未曾学习摄影专业相关的课程，但是几年的摄影实践让俞斌学到了不少东西。他的拍摄技术绝对不亚于任何一位摄影专业的毕业生。

工作半年后，俞斌的拍摄作品深受读者和单位领导的肯定，其作品还在评选活动中获奖。一年后，俞斌成了单位图片部的负责人，负责图片拍摄方面的事务。

很多时候，我们的业余爱好不单单是充当我们工作的“替补”，更重要的是它让我们在工作之余有所追求，能够从中收获快乐。因为拥有自己的业余爱好，我们才不会那么容易陷入孤寂落寞的空虚境地。业余爱好就像红花边上的绿草，因为有绿草的衬托，红花才显得格外迷人；因为有业余爱好的装点，才能品尝不一样的人生况味。

培养众多的业余爱好，不但会给我们带来丰盈的物质人生、事业人生，更重要的是会丰富我们的精神人生，点缀我们的心灵世界，让我们收获无限精彩的人生。

6. 旅行是最好的休闲

旅行，对现代人来说是休闲、减压和丰富业余生活的绝佳方式。春天，带着孩子到郊外踏青赏春，采摘红艳艳的草莓，或者组织一次露天野宴，也是别有情趣。它不仅能使人在美好的大自然中开阔心胸，陶冶情操，而且能强身健体，对健康极为有益。当你置身于绿野之中，在青山绿水中放眼远眺，春风拂面，芳草如茵，会使你顿感心旷神怡，倍添青春活力。夏天，与家人到水上荡舟避暑；秋天，约三两好友去爬山欣赏满山的秋色；冬天，与亲密爱人户外滑雪看冰……只要走出去，一年四季都能放松心情，享受旅游休闲带来的乐趣。在现代，旅游不单单是一种消费，一种排遣，而是一种多方面的收获，它既可修身养性，又可怡情益智；既是一次紧张之余的调剂，更是补充精神生活的营养品。

我们常说："读万卷书，行万里路。"游历山川湖海是获取知识的一个重要途径。我国幅员辽阔，历史悠久，文化灿烂，民族众多，物产丰富，处处遍布着寓考察、学习、教育于旅游之中的天然课堂。无数的名山大川，丰富的地质地貌，繁多的植物物种，变幻莫测的气象水文，悠久的历史文化遗址，热情淳朴的民族风情，还有遍布全国各地的石窟造像，藏于名山大川的古刹宝塔、精美雕刻，散布于各大风景区的摩崖石刻、书画题记，扑朔迷离的山光水色、雾海佛光，都是不同旅游爱好者寻幽探微、研摹书画、绘画摄影、陶冶心情的极好场所。

你可以在湘西凤凰古城感受每一座城门、每一段古墙、每一条巷子，甚至每一块红石板，那里处处流露着厚重的历史精粹文化气息；你可以去丽江追寻"一米阳光"的传说，漫步街道享受午后慵懒的阳光；你可以和心爱的人泛舟西湖，相信在这个浮躁的时代，你能体验到一份久违了的古典美感与真情；你可以在西藏高原天空下让灵魂得到净化，感受如孩童般简单和纯粹的内心；你还可以坐在竹排上在漓江漂流，看着江底的鱼儿，如至仙境……

当你领略无限风光走向自然的同时，还能全面地丰富自己的知识和阅历，开阔自己的眼界和襟怀，对事业而言何尝不是一个补充。

人在旅途，置身于自然美景，感叹造化的神奇，更对农人的勤劳而心怀敬意。车窗外，不时闪过他们劳作的身影。在收割的玉米地里，在碧绿的菜畦旁，在雪白的棉田中，在金黄的原野上，他们挥汗如雨。那晒得黝黑的皮肤和一双双粗糙的大手，绝不亚于绣花姑娘的巧手。一针一线总关情，丰收的喜悦挂在眼角眉梢。试想，自然的画布如果少了他们汗水的浸染，又怎会如此多姿多彩？

人在旅途，可以抛开俗事的烦恼，寄情于山水，洗涤蒙垢的心灵。没有尔虞我诈，没有利益纷争，有的是自然的回归，有如婴儿重回母体。其实自然是最好的老师，山教我们做人的骨气，水教我们学会包容。徜徉于山水间，让自然之灵浸透周身的每个细胞。于是，心灵就如又获得一次重生。喜欢这样的旅行，一草一木一花一鸟都会让一颗心惊喜不已，找回久违的快乐，做回简单的自己。这样的休闲，当然于身于心，都无比轻松和适意。

人都是大自然的一部分，当脱离大自然久了，你的心就会累，就会感到迷茫，这时你需要回归自然，在广阔的天地间，亲密接触大自然的万物，你才能洗去心中的尘埃，轻松地回到现实生活之中。旅游其实就是最好的休闲。多出去走走吧，多去领略大自然的风光，会让我们的心灵更开阔，生活更有滋味。

7．养养宠物，也是生活的乐趣

如果你喜欢动物，那不妨养些宠物在家，也是生活的乐趣。其实宠物早已成为城市中人不可或缺的伴侣，无论养鱼、养鸟或是养狗，大家都把这些当成一种休闲的方式。

提起养宠物，可能每个人都有说不完的历史记忆、趣事。养宠物的乐趣，更是其他任何休闲活动也取代不了的。和宠物的长期相处，宠物会变得和你的朋友、家人一样重要，也如同你的家人和朋友一样理解你，关心你，陪伴你，永远不离不弃。其中的乐趣和深情，只有自己能体会。

宠物对人也有一种深深的需要。无论什么宠物，它们都是那么弱小，无力保护自己，也无力照顾自己，总是需要人来照顾它，给它安全的庇护。人也许正是在宠物对自己的需要中和对宠物的照料中，实现了自我，并完善着自己。对于狗这类通人性的宠物，它们常常给人一种无条件的爱。无论人的情绪是好是坏，家境如何，对它们怎样，一旦它们跟随了主人，就会绝对忠诚地守候在你身边，不离不弃。回家的时候，它们守在门边等着你的归来，出门的时候，远望着你的离开，那种不需要任何回报的牵挂会让人深深感动。宠物是单纯的、无辜的，也是安全的。它们简单的犹如一张白纸，不会因为你对它不好，而攻击你，也不会对你使任何的心机，更不会跟你提任何要求，只是静静地跟你在一起，快乐、简单、温暖。

这样的亲密关系，怎么会不使人迷恋呢？

而且养宠物还对人体健康具有重要作用。从情绪方面讲，养宠物可以减少抑郁、紧张和焦虑；从健康方面讲，养宠物可以降低血压，提高免疫力，甚至降低心脏病发作和中风的风险。而且还远远不止于此，美国"网络医学博士网"近日就列举了养宠物对于主人的健康和生活的乐趣，有着难以置信的 N 种好处。

(1)减压

2002 年，纽约州立大学布法罗学院的一项研究表明，在进行紧张的工作时，宠物的陪伴比配偶、家庭成员或者密友的陪伴更能使人减压。专注于治疗毒瘾的希望治疗中心，不仅极力推荐病人养宠物，还允许宠物在其康复中心出没。治疗中心的 CEO 大卫·萨克说："希望治疗中心的核心信念之一就是移除一切不利于病人康复的障碍，我们致力于将中心打造成一个安全放心的像家一般的地方。还有什么比有宠物陪伴更像一个家呢？"

(2)降低血压

根据美国疾病控制和预防中心(CDC)的说法，养宠物有助于降低血压，特别是对高血压患者或高危人群。"如果有只狗在身边，你的血压就会比较低，"兽医学博士，《美国早安》首席兽医记者马蒂·贝克尔这样说道，"你可能会失去工作，失去房子，但你永远不会失去宠物对你无条件的爱。"

(3)减轻疼痛

贝克尔说，不管你相信与否，宠物可以说是最好的良药，特别是对患有慢性疼痛比如偏头痛或关节炎的人来说。

(4)降低胆固醇

根据CDC的说法，养宠物对心脏健康的另一个好处是降低胆固醇。至于是不是宠物的存在降低了胆固醇，还是说那些保持了健康生活方式的人往往是宠物主人，这一点还不是很清楚。贝克尔说，但有一点是肯定的，宠物主人，特别是男性宠物主的甘油三酸酯和胆固醇含量都比不养宠物的人要低。

(5)改善情绪

“养宠物的人烦恼更少，他们的生活中有更多笑声。”贝克尔说，“当你回到家，你会觉得自己是乔治·克鲁尼，是个明星。”这是宠物被作为各种形式疗法的一个最基本原因。而且，养宠物还能降低自杀率，这是退伍军人面临的最严重的健康威胁。养宠物会使他们有一种责任感，会觉得自己是被关心着的，他们也不必向宠物解释他们曾经经历过什么。

(6)帮助人们社交

虽然听起来有点不合常理，但养狗的确是能增加主人社交的机会，天然宠物食品品牌Nulo的首席执行官迈克尔·兰达这样认为。“我每天都带我的狗出去散步，每次途中都会有5到10次停下来跟人说说话。”奥地利的一项研究发现宠物主的身份有助于增加社会接触，增加邻里间的交往(比如邻居之间在遛狗的时间会聊聊天)，甚至于让邻里间的关系更加和谐。

(7)预防中风

不仅仅是养狗，养猫同样也对健康有很多好处。“如果你养猫，那你得心脏病的几率就降低了30%，患心血管疾病的几率就则降低了40%。”贝克尔说。另外，宠物能够帮助心脏病患者恢复健康。“如果你有心脏病，养狗能让你恢复健康的几率增加八倍。”

(8)监控糖尿病患者的血糖水平

美国糖尿病协会的糖尿病预测杂志，1992年的一项研究发现，与糖尿病人一起生活的宠物（大部分是狗，也有猫、鸟和兔子）中，有三分之一在他们主人的血糖水平降低时会有行为上的变化。这很可能是对主人体内化学变化的一种反应。一些组织为此还专门训练了一些狗狗去陪伴那些血糖含量不稳定的病人。

(9)防止过敏和提高免疫力

贝克尔说，宠物可以显著提高免疫力并且预防过敏。“一项研究发现，家里养宠物的 5 至 7 岁的孩子每年上学时间比其他同龄人多 3 个星期。”他还说，小的时候接触越多的宠物，得过敏症的几率就会越低。“在农场或是在动物身边长大的孩子不会有过敏反应。”他说，“这是自然的免疫疗法。”但他也指出，这种影响是不可逆的：养宠物不会使一个成年人减少过敏反应，而是仅仅有助于儿童预防某些过敏。

(10)有助于孩子成长

孩子生长在有宠物的家庭有无数的好处，尤其是在他们的情感发展方面。能培养孩子们的爱心，也有利于让他们学会怎样和其他的人相处。宠物也极大地有利于治疗儿童的孤独症和注意力缺陷多动症。对有注意力缺陷多动症的孩子来说，照顾宠物能让他们把注意力集中到责任感上，而拥抱和抚摸宠物能极大地抚慰有孤独症的孩子。

养宠物可以说好处多多，乐趣多多。闲时养养宠物，也是极其不错的生活方式，为生活增添不少的乐趣和生机。

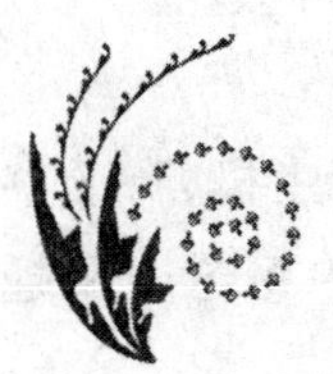

8. 种花养鸟，也能娱己娱心

种花，寄情于花红叶绿之中，你会神清气爽，心胸欢畅。为花浇水、为花施肥、为花剪枝、为花培土、可以裨益身心，调剂生活情趣；养鸟，鸟儿不仅是大自然的歌手，还是人类的朋友。以鸟儿为友，以鸟儿相伴，会有一种难于言表的绝妙乐趣。

在八小时之外的业余生活中，能栽上几盆鲜花儿，养上几只俊鸟儿，不但能观花赏鸟，借以焕发精神，还能美化环境。真谓“诗情画意皆良友，鸟语花香最可人”，不仅娱已娱心，也是生活的意味。

家庭养花具有很大的好处，可以改善居住环境，并且绿色环保。花香是由挥发性化合物组成的，这些物质能刺激人们的呼吸中枢，从而能刺激人加快吸氧和排出二氧化碳的速率，使大脑得到充足的氧。花香还能促进细胞发育，增强智力，对神经和心血管有很好的保护作用。例如丁香、茉莉可使人宁静、放松，放置于卧室有利于睡眠；玫瑰、紫罗兰可使人精神愉快，焕发人的工作欲望；田菊、薄荷能使孩子聪明；夜来香、锦紫苏等气味有驱蚊除蝇作用；仙人掌、文竹、常青藤、秋海棠气味有杀菌、抑菌之力；丁香有镇痛之功效。

花卉的颜色对人体的作用效果也很明显。如在发烧病人床头摆上一盆盛开的蓝色鲜花，可以使病人镇静爽神；长期用眼用脑的劳动者若经常面对一丛翠嫩欲滴的绿色的盆景，顿时会消除身心疲劳。心理学家认为，绿色是最平静的颜色，能带给人以宁静的感受，是任何时候都不会使人感到厌倦的；红色系花卉给人以暖意，激发人们奋进的热情；黄色系花卉能引起人们向上、愉悦等联想；白色系花卉给人洁净的感觉；蓝色系花卉能使人沉静、沉着；紫色系花卉能使人产生高贵、优雅、神秘等联想。花卉以它绚丽的风采，把大自然装饰得分外美丽，给人以美的享受。

养花最大的快乐在于能够增添生活的情趣，使生命更富生机，陶冶高尚情操，激发我们对生活的热情。作家老舍在散文《养花》中将这一情趣表现得淋漓尽致。

我爱花，所以也爱养花。我还没成为养花专家，因为没有工夫去研究和试验。我只把养花当作生活中的一种乐趣，花开得大小好坏都不计较，只要开花，我就高兴。在我的小院子里，一到夏天，满是花草，小猫只好上房去玩耍，地上没有它们的运动场。

花虽然多，但是没有奇花异草。珍贵的花草不易养活，看着一棵好花生病要死，是件难过的事。北京的气候，对养花来说不算很好，冬天冷，春天多风，夏天不是干旱就是大雨倾盆，秋天最好，可是会忽然闹霜冻。在这种气候里，想把南方的好花养活，我还没有那么大的本事。因此，我只养些好种易活、自己会奋斗的花草。

不过，尽管花草自己会奋斗，我若是置之不理，任其自生自灭，大半还是会死的。我得天天照管它们，像好朋友似的关心它们。一来二去，我摸着一些门道：有的喜阴，就别放在太阳地里；有的喜干，就别多浇水。摸着门道，花草养活了，而且三年五载老活着，开花，多么有意思呀！不是乱吹，这就是知识呀！多得些知识绝不是坏事。

我不是有腿病吗，不但不利于行，也不利于久坐。我不知道花草们受我的照顾，感谢我不感谢；我可得感谢它们。我工作的时候，总是写一会儿就到院子里去看看，浇浇这棵，搬搬那盆，然后回到屋里再写一会儿，然后再出去，如此循环，让脑力劳动和体力劳动得到适当的调节，有益身心，胜于吃药。要是赶上狂风暴雨或天气突变，就得全家动员，抢救花草，十分紧张。几百盆花，都要很快地抢到屋里去，使人腰酸腿疼，热汗直流。第二天，天气好了，又得把花都搬出去，就又一次腰酸腿疼，热汗直流。可是，这多么有意思呀！不劳动，连棵花也养不活，这难道不是真理吗？

送牛奶的同志进门就夸“好香”！这使我们全家都感到骄傲。赶到昙花开放的时候，约几位朋友来看看，更有秉烛夜游的味道——昙花总在夜里开放。花分根了，一棵分为几棵，就赠给朋友们一些；看着友人拿走自己的劳动果实，心里自然特别欢喜。

当然，也有伤心的时候，今年夏天就有这么一回。三百棵菊秧还在地上(没到移入盆中的时候)，下了暴雨，邻家的墙倒了，菊秧被砸死三十多种，一百多棵。全家几天都没有笑容。

有喜有忧，有笑有泪，有花有果，有香有色。既须劳动，又长见识，这就是养花的乐趣。

春赏花、夏赏香，秋赏果、冬赏青。养花的喜与忧，笑与泪，花与果，香与色，就是人生写照，难道这不是人生一大乐趣吗?

除了养花外，养鸟也是一大乐事。特别是那些通灵的小鸟儿，更是精灵般惹人怜爱，为人所喜。人与鸟，也谱写了许多的传奇。

94 岁的上海市中医门诊部庄芝华医师，是我国著名的肿瘤专家。他的养生之道就是鸟语花香，娱晨昏，解寂寥。他与鸟更有一份奇缘。他的芙蓉鸟与主人非常亲昵，他将谷粒放在掌心里，芙蓉会自动飞到他的掌心叼食，有时携鸟到公园里，芙蓉鸟饥附饱飏，与主人相逗嬉，但决不会负人远去。冬天，庄老怕鸟儿冻着，将芙蓉捂到胸口，芙蓉鸟蛰伏在主人的内衣里，温顺而不动。芙蓉很通灵性。2007 年年底，庄老急性胰腺炎住院二十多天时，因没了主人的侍弄，鸟儿被孤寂地关在室内，家人偶然照拂它，只给点水喝和喂点食物，于是鸟儿便失去了欢悦，变得不饮不食，不鸣不叫，羽毛凋零。直到庄老出院，当他的脚步声刚一出现楼道上，熟悉的声音即使鸟儿兴奋起来，鸟儿的灵性突然触发，变得异常躁动和欢悦。庄老的养鸟时间并不短暂，鸟儿不是从花鸟市场购得，而是鸟儿自来投缘，它自己飞来找寻主人的。好像鸟儿早就未卜先知，那是在七年前，第一代鸟儿死后，第二代先后有两只芙蓉即飞来相就，因为二儿子也有同好，庄老就让一只给老二去领养，自己则专心照料一只。于是人与鸟儿相逸乐，心会处无以言说。

其实不管是种花还是养鸟，都有无尽的乐趣在其中。花、鸟、鱼、虫，是大自然里最富灵性的事物。不管是养花喂鸟，还是钓鱼捉虫，千万不要在乎究竟养了多少花，喂的什么鸟，钓了多少鱼，捉了多少虫，关键在于你是否怀着一颗愉悦的心去做这些事，在做这些事的过程中你是否体验到了快乐。因为这些都是我们享受生活的闲情，而不是创造生活的激情。只要娱己娱心，让我们享受到其中的快乐，就已经足够了。